日本の現代数学
新しい展開をめざして

小川卓克・斎藤 毅・中島 啓 編

数学書房

まえがき

　『日本の現代数学』という本を企画しています，と数学書房の横山さんから相談を受けたのは，もう二年以上前のことになる．『数学セミナー』の 92 年四月号に，そのような特集があったが，その後の日本の数学のいろいろな分野の進展を，若い人に書いてもらいたいというのが，最初の計画であったように記憶している．

　私は，二つの点が気になった．

　まず，はたして企画通りに原稿を書いてもらえるか，ということである．社会から離れて象牙の塔にひきこもっているといわれる学者であるが，その中でも数学者は特に独立性が高い．人のいうことは聞かない，聞きたくないというのが，普通の数学者の気持ちだ．というか，人のいうことを聞いていては，新しい数学の研究ができるはずがないし，共同研究の人数も他の分野よりずっと少ない．そういう人たちにテーマを決めて原稿を依頼しても，その通りに書いてくれるとは思えなかった．特に，他の数学者の研究を手際よく紹介する，なんてことができる人が，そういるとは考えられなかった．

　何回かのメールのやりとりのあと，この点は，執筆者に個人的な体験を基に書いてもらうように依頼する，ということに落ち着いた．そして，その分，執筆者を選ぶときに，おもしろい研究をしている若い人をよく吟味して選んだ．忙しい人が多く，お引き受けいただけなかった方がいたのは残念なことであったが，少ないながらもいい原稿が集まったように思う．

次に，なぜ「日本の」現代数学なのか？ なぜ，国を限定しているのか，ということが気になった．日本の大学に勤務して，参加するセミナーは，日本人の講演者が大多数であるが，自分が研究している数学が，日本のものであるのか，アメリカのものであるのか，はたまた中国のものなのか，そんなことを意識することはまったくない．というか，そんなふうに分けることなど，できるはずもない．納得はいかなかったが，結局横山さんの最初の計画通りに，「日本の現代数学」をタイトルにすることになった．

しかし，できあがったものを通して読んでみると，たしかに日本人の数学者の業績の紹介が中心になった．日本人が個人の経験を基に執筆しているのだから，あたりまえといえばあたりまえである*．

この本では，数学のすべての分野が網羅されているわけではない．そういう意味で，これから研究テーマを見つけようと思っている読者のガイドにはならない．しかし，数学の研究が人間的な活動としてどのように行われているのか，舞台裏のようなものが紹介されているので，もう少し広い意味で，読者の方にいい紹介になっているのではないか，と思っている．数学の研究が楽しい，ということが，少しでも読者の方に伝われば，望外のよろこびである．

2009 年 8 月

中島 啓

---

*私の担当した部分で，Lusztig の論文を中心にしているのは，横山さんへのささやかなリベンジである．

目次

まえがき	中島 啓	i

一視点からの確率論と幾何学：過去・現在，そして… 会田茂樹 **1**

1 はじめに 1
2 リーマン多様体上のブラウン運動 2
3 無限次元解析的視点からの研究 9
4 Witten の研究に関連して 17
5 最適輸送写像と幾何学 20
6 最後に 22
参考文献 22

ここ 10 年の作用素環論の話題から 植田好道 **24**

1 はじめに 24
2 10 年少し前の状況 25
3 自由確率論と作用素環論の研究手法 26
4 エルゴード理論と離散群論の境界領域からの衝撃 32
5 自明な基本群を持つ II_1 型因子環 35
6 Solid II_1 型因子環 37
7 外部自己同型を 1 つも持たない II_1 型因子環 38
8 いくつかの残された課題 40
9 さいごに 44
参考文献 46

それからどうなった？——代数解析学からリー群の表現論へ—— 落合啓之　**48**

結び目理論外見重視派　川村友美　**66**

1. はじめに 66
2. Quasipositive link との出会い 67
3. スライスベネカン不等式 71
4. ラスムッセン不変量出現まで 75
5. 現在，そしてこれから 78
   参考文献 79

流体方程式と自由境界問題　清水扇丈　**81**

1. はじめに 81
2. 流体方程式と自由境界問題 82
3. 偏微分方程式における問題設定 86
4. スケール不変空間 87
5. ミレニアム懸賞問題 88
6. 半線形方程式に対する解法——半群の評価の利用— 90
7. 準線形方程式に対する解法——最大正則性評価の利用— 93
8. Fourier 変換と Fourier-multiplier の定理 95
9. あとがき——女性としての視点から— 98
   参考文献 99

超局所解析と調和解析のはざまで　杉本 充　**101**

1. はじめに 101
2. 擬微分作用素とフーリエ積分作用素 102
3. 双曲型方程式と解の正則性 105
4. フーリエ積分作用素と調和解析 110
5. エゴロフの定理とシュレディンガー方程式 114
6. エピローグ 118

  参考文献 118

幾何を「測って」調べよう——幾何学的測度論について—— 利根川吉廣 **120**

1. 大学院，そして研究分野との出会い 120
2. 測度とは 122
3. 修正可能集合 124
4. 汎関数との対応 127
5. 曲線・曲面の収束 127
6. 変分法との係わり 129
7. 足りない情報 130
8. 整カレントの理論 131
9. 整バリフォールドの理論 134
10. 幾何学的測度論の潮流 136
11. 私の研究について 137

  参考文献 139

箙多様体をめぐって 中島 啓 **141**

1. 箙の表現 142
2. Kronheimer との共同研究 143
3. Lusztig の論文との出会い 146
4. Young 盤 149
5. 既約表現 150
6. 同変 K 群へ 153
7. 再び偏屈層へ 155
8. 最後に 158

数学における出会い **161**
——カラビ-ヤウ多様体と複素シンプレクティック多様体をめぐって—— 並河良典

1. カラビ-ヤウ多様体との出会い 161

2 特異カラビ-ヤウ多様体のスムージング 165
3 複素シンプレクティック多様体との出会い 168

絡み目の同値関係とクラスパーについて　　葉廣和夫　**175**
1 結び目と絡み目 175
2 結び目解消操作 177
3 C_3 操作 180
4 ブラケット操作 182
5 クラスパー 188
  5.1 I クラスパー 188
  5.2 木クラスパー 190
6 C_n 同値と有限型不変量 192
  6.1 有限型不変量の定義 192
  6.2 クラスパーの他の応用について 194
7 これから考えてみたいこと 195
参考文献 195

母函数が開く整数論の未来　　坂内健一　**197**
参考文献 211

結び目と素数 ——数論的位相幾何学——　　森下昌紀　**212**
1 辞書 215
  1.1 円周と有限体 215
  1.2 管状近傍と p-進整数環 215
  1.3 3次元多様体と代数体の整数環 217
  1.4 結び目と素イデアル 218
  1.5 ホモロジー群とイデアル類群 220
2 基本的な例 222
  2.1 まつわり数と平方剰余 222

	2.2 絡み目群と分岐条件付き Galois 群 223
	2.3 Milnor 不変量と多重べき剰余 223
	2.4 Alexander 理論と岩澤理論 225
	2.5 双曲構造の変形と肥田変形 226
3	今後の夢 229
	3.1 Chern-Simons ゲージ理論と肥田理論 229
	3.2 場の理論と非可換類体論 231
参考文献 233

夢にまでみる数学　　　　　　　　　　　　　　斎藤　毅　**234**

若い読者への刺激や展望に　　　　　　　　　　小川卓克　**239**

一視点からの確率論と幾何学：
過去・現在，そして…

会田茂樹

1 はじめに

　高校数学で習う範囲の確率では，順列，組み合わせ，場合の数の計算の印象が強いと思います．確率変数という概念も一応習いますが，私自身がそうであったように，なんとなくはっきりしないものを感じる人も多いと思います．その後，確率というのは面積・体積のような測度の一種であり確率変数とは測度論における可測関数であるなど明快な説明を知ってなるほどと納得し感心したものでした．今回お話したいのは，その確率論と幾何学に関する数学なのですが，それはいったいどのような数学なのでしょうか．

　私自身が確率論と幾何学との関連を意識したのは，大学2年生のときに，池田信行氏のリーマン多様体上のブラウン運動についての記事を読んだときだったと思います．当時の私は幾何学，特に微分幾何学とよばれる分野に関心を持っていました．また，江沢洋氏の『物理学の視点——力学・確率・量子』という本などを通して確率論の広がりも感じていて，その2つが関係しているということで池田氏の記事に関心を持ったのです．

もう1つ現在の私の研究に関係がある出会いとして，修士課程1年のときに東大数学教室の楠岡成雄氏に指導を受けたことがあります．私は東京工業大学応用物理学教室の志賀徳造氏の下で確率論を勉強していたのですが，先生が長期の海外出張に出かけるということで，楠岡氏の下にしばらく勉強しに行くことになったわけです．当時の楠岡氏は Ezra Getzler, Edward Witten らの数学に影響を受けた "無限次元微分幾何学" とでもいうものを展開しており，私はそれができる様子を直に見る機会を得て，その研究にも興味を覚えました．

ここでは，このような私の経験を通して得られた確率論と幾何学，無限次元解析との関係を書いていきたいと思います．また，最近 Wasserstein 距離と関係する確率測度の空間 (この空間は無限次元空間になります) のリーマン幾何が関心を集めています．この話題は，私が関わって来た "関数不等式" (後で出てくる対数ソボレフ不等式はその一例です) の研究とも関係している興味深い分野です．この話題も紹介したいと思います．以下の節では人名に敬称は省略させて頂きます．

2 リーマン多様体上のブラウン運動

すでに多様体上のブラウン運動という言葉が出てきましたが，それは一体なんでしょうか．イギリスの植物学者ブラウンが花粉粒子から破裂して出てきた微粒子が非常に複雑な運動をするのを観察し，そのような不規則運動がブラウン運動とよばれるようになったのはよく知られています．物理現象としての詳細な研究はアインシュタインらによりなされました．

一方，ウィーナーは確率過程としてブラウン運動を定式化しま

した．n 次元ユークリッド空間 $\mathbb{R}^n$ 上の 0 を出発点とする (標準) ブラウン運動というのは時間パラメータ $t(\geq 0)$ を持つ $\mathbb{R}^n$ 値確率変数 $\{B_t(\omega)\}$ の族で次の条件を満たすものをいいます：

(ⅰ) $t \to B_t(\omega)$ は連続，$B_0(\omega) = 0$,
(ⅱ) 任意の時間列 $0 = t_0 < t_1 < \cdots < t_k < \infty$ に対して
$(B_{t_1} - B_{t_0}, \cdots, B_{t_k} - B_{t_{k-1}})$ は独立,
(ⅲ) 任意の $t > s$ に対して $B_t - B_s$ の分布は平均 0，共分散行列 $(t-s)I$ の多次元正規分布．

$x + B_t(\omega)$ は x から出発したブラウン運動の時刻 t での位置を表し，その分布が推移確率密度関数とよばれる関数 $p(t,x,y) = (2\pi)^{-n/2} e^{-|x-y|^2/(2t)}$ を用いて

$$P(x + B_t \in dy) = p(t,x,y)dy$$

と表されます．共分散行列の単位行列 I を正値対称行列 A におきかえても確率過程が定義できます．これも広い意味でブラウン運動とよべます．この A を変えるというのはブラウン運動の動きやすさを変えることに相当します．幾何的にいうと空間の縮尺を A を使って変更することにあたり，リーマン幾何の言葉ではリーマン計量を変更することに当たります．多様体というのは局所的にはユークリッド空間と同じ構造をもつ空間ですが，リーマン多様体というのは空間に曲線が与えられたときその曲線の長さや 2 点間の距離を計ることのできるリーマン計量が与えられている多様体です．

例えばユークリッド空間 $\mathbb{R}^n$ 内の曲線 $\{w(t) \mid 0 \leq t \leq 1\}$ のユークリッド計量による長さは $\displaystyle\int_0^1 |w'(t)|dt$ で与えられます．以

後，単にユークリッド空間といったらユークリッド計量を持つ空間を意味することにします．球体の表面と穴の開いたドーナツの表面，平面などは違った空間 (といってもこれらの例では 2 次元的な広がりの対象物，2 次元多様体になります) ですが，同じ空間でもどのように曲線の長さを計るかで空間としてはまったく違った性質を持つことがあることを注意しておきます．

多様体にリーマン計量が与えられると，ユークリッド空間の場合と同様に推移確率密度関数 $p(t,x,y)$ が自然に定まり，これを用いてブラウン運動を定義することができます．このブラウン運動はリーマン計量を定めると決まるものなので，様々な意味でリーマン幾何的な量を反映すると思われます．つまり，よく分からない空間にブラウン運動というランダムな運動を走らせ，その性質から空間構造を調べられるのではないか？ということです．1984 年の Mark Pinsky の「Can you feel the shape of a manifold with Brownian motion?」という解説記事のタイトルはそのような考え方を象徴しています．ちなみにこのタイトルの元ネタと言うべきなのは 1966 年に Marc Kac が提起した問題「Can one hear the shape of a drum?」でしょう．

ここでもう少し正確にリーマン多様体上のブラウン運動を定義しておきましょう．M をリーマン多様体とし，$p(t,x,y)$ を推移確率密度関数とします．簡単のため $\int_M p(t,x,y)dy = 1$ を仮定します．dy はリーマン計量から定まるリーマン体積要素を表しています．これは，ブラウン運動が有限時間で無限遠に飛んでいってしまうことがないということです．$p(t,x,y)$ を用いて M 上の連続なパス (道) の空間に確率測度を次のように導入します．$x \in M$ からスタートする連続なパス w の空間

$$P_x(M) = C([0,\infty) \to M \mid w(0) = x)$$

を考えます. M の開集合の列 $\{O_i\}_{i=1}^k$ と時間の列 $\{0 = t_0 < t_1 < \cdots < t_k\}$ に対して $P_x(M)$ 上の確率測度 μ_x で

$$\mu_x(\{w \in P_x(M) \mid w(t_i) \in O_i\ 1 \le i \le k\})$$
$$= \int_{\{x_i \in O_i; 1 \le i \le k\}} \prod_{i=1}^k p(t_i - t_{i-1}, x_{i-1}, x_i) dx_1 \cdots dx_k$$

を満たすものが一意的に存在することが示せます. ただし $x_0 = x$, dx_i はリーマン計量から定まるリーマン体積要素を表します. μ_x が集合 $P_x(M)$ 上の確率測度であるとは, $P_x(M)$ の任意の部分集合[1] A に対して確率 $\mu_x(A) \in [0,1]$ が定まり,

(ⅰ) $\mu_x(P_x(M)) = 1$,
(ⅱ) $\{A_i\}_{i=1}^\infty$ が互いに共通部分を持たない (すなわち $i \ne j$ ならば $A_i \cap A_j = \varnothing$) のとき $\mu_x(\bigcup_{i=1}^\infty A_i) = \sum_{i=1}^\infty \mu_x(A_i)$

を満たすことを意味します. $w \in P_x(M)$ に対して, $B_t(w) = w(t)$ とおいて得られる確率変数の族 (確率過程) が x から出発するブラウン運動です. 例えば, M がユークリッド空間で $x = 0$ の場合は, この節の冒頭で定義した標準ブラウン運動と同じです. この場合, μ_0 は連続関数の空間 $C([0,\infty) \to \mathbb{R}^n \mid w(0) = 0)$ 上の測度で, ウィーナー測度とよばれます. ウィーナー測度付きの確率空間 $C([0,\infty) \to \mathbb{R}^n)$ はよく W_0^n と書かれ, ウィーナー空間とよばれます.

ブラウン運動 B_t が x から出発したとき, 多様体の任意の点 y

---

[1] 正確にいうとボレル可測集合のみを考えます.

の近傍に確率1で到達するとき，ブラウン運動は再帰的といいます．ブラウン運動のマルコフ性とよばれる性質を用いると，ブラウン運動が再帰的なとき，ブラウン運動はどれだけ時間が経過しても何回もこの近傍に確率1で戻って来ることが分かります．

多様体がコンパクトのとき，ブラウン運動は再帰的です．多様体が非コンパクトのとき，再帰的でないこともあり得ます．このとき，ブラウン運動は推移的といいます．推移的という性質は，任意の点から出発したブラウン運動が無限遠の彼方に逃げて行ってしまう確率が正であることと同値です．ユークリッド空間の場合，2次元以下では再帰的，3次元以上では推移的になります．一般の非コンパクトリーマン多様体の場合，断面曲率 K が負すなわち，$K \leq -b^2$ (b は正定数) のとき推移的であることが知られています．

曲率の意味を少しラフに説明しましょう．空間の中に1点 P をとります．P から出発する角度 θ をなす2つの測地線 (ユークリッド空間の場合の直線にあたるものです) l_i ($i=1,2$) 上を同じ速度 v で移動していきます．l_i 上での時刻 t での位置を $x_i(t)$ とします．ユークリッド空間の場合，2点間の距離 $d(x_1(t), x_2(t))$ は $2vt\sin\left(\dfrac{\theta}{2}\right)$ になりますが，曲率が負のときは，これより大きく，曲率が正のときは，小さくなります．正曲率の代表的な2次元多様体の例は球面ですが，北極にあたる点から出発した測地線は南極に到る経線になります．平面上の同じ点から発する異なる直線は決して交わりませんが，正の曲率の場合はそうではないのです．$\mathbb{R}^n$ にも断面曲率が負の定数となる双曲的計量が存在します．$n=2$ の場合，空間としては同じですが，ユークリッド計量か双曲的計量かでブラウン運動の再帰性という観点からすると

まったく違う性質があることが分かります．

このように (非) 再帰性は幾何学的な量に関係していますが，次のような意外な応用もあります．関数論において有名な Picard の小定理は「$\mathbb{C}$ 上の正則関数 f (整関数) の像がある 2 つの複素数を含まなければ，それは定数関数である」と述べています．1970 年代に Burges Davis は複素平面を $\mathbb{R}^2$ と同一視して 2 次元ブラウン運動を複素平面上の確率過程と見たとき，f が定数でない整関数のとき，$f(B_t)$ はブラウン運動の時刻変更であること (Paul Lévy の定理) と 2 次元ブラウン運動の再帰性から従うブラウン運動のパスのホモロジー的性質から Picard の小定理を証明しました．

この Picard の小定理は $\mathbb{C}$ 上の正則関数に対する結果ですが，Goldberg-石原-Petridis により多様体の間の調和写像に対する結果に一般化されています．すなわち，2 つのリーマン多様体 M, N を考えます．M の Ricci 曲率[2]は非負，N の断面曲率 K_N は $K_N \leq -b^2$ (b は正数) を満たすと仮定します．このとき，M から N への調和写像 f が有界歪曲度 (bounded dilatation) という性質を持つとき，f は定数写像になります．ここで f が調和写像であるとは，f が写像の空間上のエネルギー汎関数

$$E(f) = \int_M |df(x)|^2 dx \text{ の臨界点 (微分が 0 になる } f)$$

になっているときに言います．$|df(x)|$ は写像 f の x での微分 df をリーマン計量で計った大きさを表しています．これは M が n 次元ユークリッド空間，N が 1 次元ユークリッド空間のとき，

---

[2] Ricci 曲率というのは断面曲率からある一定の操作 (トレースをとる) で定まる曲率です．

$\Delta f = \sum_{i=1}^{n} \frac{\partial^2 f}{\partial x_i^2} = 0$ となることを意味します．一般のリーマン多様体のときも調和写像は類似の方程式をみたします．

一方 1980 年代に，W.S.Kendall はブラウン運動の性質を用いて，この結果を拡張しました．Kendall の用いたブラウン運動の性質は Brownian coupling property (BCP) とよばれるものです．多様体 M 上のブラウン運動が BCP を持つとは次が成立するときに言います：

(BCP)：任意の $x, y \in M$ に対して，x から出発したブラウン運動 $B_t^x(w)$，y から出発したブラウン運動 $B_t^y(w)$ を構成でき，かつ確率 1 であるランダムな時刻 $\tau(w)$ が存在して $B_{\tau(w)}^x(w) = B_{\tau(w)}^y(w)$ となる．

ここで注意して欲しいのは，B_t^x と B_t^y は共通の確率空間で定義されている確率過程だということです．ブラウン運動の定義では相異なる 2 点 x, y から出発するブラウン運動の同時分布を規定していないので，このとり方は任意性があるし，これらのブラウン運動がぶつかるように構成できないかも知れないのです．実際，Kendall は

(1) ある正数 b が存在して $K_N \leq -b^2$ を満たす多様体 N では BCP は成立しない，
(2) M の Ricci 曲率が非負ならば，BCP が成立する

を証明しました．これが Kendall の結果の証明のもとになっています．この確率過程の coupling というものは現在も色々な観点から活発に研究されています．以上ではブラウン運動の挙動と多様体の曲率との関連を説明しましたが，次に無限次元解析的な視点からの研究を紹介します．

3 無限次元解析的視点からの研究

これまで一般の多様体 M を考えて来ましたが,ここでは簡単のため,コンパクトリー群 G を考えます.群というのは,$a, b \in G$ に対して積 $ab \in G$ が定義されていて,逆元 $a^{-1} \in G$,単位元 e の存在が仮定されていることを意味します.リー群というのは,G がさらに多様体であることを意味します.$\mathbb{R}^n$ も通常の和でリー群になりますが,コンパクトではありません.$d \times d$ 直交行列全体 $O(d)$ はコンパクトリー群の代表的な例です.コンパクトリー群 G 上に滑らかな曲線 $C = \{w(t) \mid 0 \leq t \leq 1\}$ と $a \in G$ が与えられたとき,

$$C_a = \{aw(t) \mid 0 \leq t \leq 1\}, C'_a = \{w(t)a \mid 0 \leq t \leq 1\}$$

も滑らかな曲線になります.C_a, C'_a は C を a で "平行移動" して得られる曲線と言えるでしょう.G 上のリーマン計量で,このように曲線を平行移動しても長さが変わらないという性質を持つものが存在します.以後,このリーマン計量で G をリーマン多様体と思います.

前節ではブラウン運動は時刻 $t \geq 0$ に対して定義されていましたが,ここでは閉区間 $[0, 1]$ で定義された連続なパスの空間 $P_e(G)$ を考えましょう.始点は単位元 e としています.始点と終点が固定された空間

$$P_{e,a}(G) = C([0, 1] \to G \mid w(0) = e, w(1) = a)$$

を考えるほうが位相的には面白い.というのは,$P_e(G)$ は W_0^n ($n = \dim G$) という本質的によく分かったベクトル空間と同じ構造を持つと考えられるからです.本当は正確にいうとこれらの骨格とも

言うべき部分集合すなわち，$P_e(G)$, W_0^n のうちそれぞれパスのエネルギー $E(w) = \int_0^1 |w'(t)|^2 dt$ が有限なもの全体を $P_e^H(G)$, H と書くと，これらの間に滑らかな上への一対一対応 (微分同相) があると分かります．なお，H は Cameron-Martin 部分空間とよばれる空間です．$P_{e,a}(G)$ は $P_e(G)$ の部分集合であり，この空間には $w(1) = a$ のように条件を付けた確率測度 $\mu_{e,a}$ が存在します．この空間の上で Hodge-小平型の定理が成立するか？というのが自然な1つの問題です．よく知られているコンパクトリーマン多様体の場合の Hodge-小平の定理を思い出しましょう．

d をコンパクトリーマン多様体 M 上の外微分作用素とします．d は滑らかな k 次微分形式の空間 $\overset{k}{\wedge} M$ から $\overset{k+1}{\wedge} M$ への線形写像 d_k を定めます．

$$\operatorname{Ker} d_k = \{\alpha \in \overset{k}{\wedge} M \mid d_k \alpha = 0\},$$
$$\operatorname{Image} d_{k-1} = \{d_{k-1}\alpha \mid \alpha \in \overset{k-1}{\wedge} M\}$$

とおきます．性質 $d_k d_{k-1} = 0$ から $\operatorname{Image} d_{k-1} \subset \operatorname{Ker} d_k$ となるので商空間 $\operatorname{Ker} d_k / \operatorname{Image} d_{k-1}$ が定義できます．これを $H^k(M, \mathbb{R})$ と表します．de Rham の定理によれば $H^k(M, \mathbb{R})$ と k 次特異コホモロジーとよばれるベクトル空間の間には自然な同型が存在し，特に次元は同じになります．この次元 $b_k(M)$ は M の位相的不変量で本質的に M と同じ構造 (位相同型) の空間でも同じ値をとります．

さて，M にはリーマン体積の測度があるので，微分形式の2乗可積分な空間 $L^2(\overset{k}{\wedge} M, dx)$ が考えられます．

$$d_k^* : L^2(\overset{k+1}{\wedge} M, dx) \to L^2(\overset{k}{\wedge} M, dx)$$

を d_k の随伴作用素とします．これより

$$\text{Hodge-小平作用素：} \square_k = -(d_{k-1}d_{k-1}^* + d_k^*d_k)$$

が定まります．Hodge-小平の定理によれば $H^k(M,\mathbb{R})$ の元は $\text{Ker}\,\square_k$ の元で代表されることが分かるので，特に解析的に決まる量 $\dim \text{Ker}\,\square_k$ が位相的不変量 $b_k(M)$ と同じになります．なお，ユークリッド空間の場合，$\square_k$ はラプラス作用素 Δ と一致します．

さて，同様なことを $P_e(G), P_{e,a}(G)$ の場合で考えるとどうなるでしょうか．このときは，リーマン体積のような測度は存在しませんが，確率測度 $\mu_e, \mu_{e,a}$ が存在します．そこで，これらの空間で外微分作用素を定義し，Hodge-小平型の定理が得られないかと考えるのは自然な問題です．実際，L. Gross, K.D. Elworthy, H. Kuo などの研究者により 1970 年代ぐらいから無限次元多様体上で測度に基づいた解析が構想され始めたようです．このプログラムを実行するには無限次元空間上の測度に基づいた微積分が必要です．

この点では，Paul Malliavin により始められたウィーナー空間上のウィーナー測度に基づいた Malliavin 解析 (Malliavin 自身は "Stochastic calculus of variation"=確率変分学とよんでいる) とよばれる無限次元解析があります．歴史的には Malliavin 解析は Hörmander 条件を満たすベクトル場で定まる 2 階偏微分作用素の生成する半群が滑らかな核関数を持つことの偏微分方程式論によらない証明を与える目的で考えられたのですが，測度に基づいた無限次元解析の基本的な枠組を与えていると見ることもできます．この Malliavin 解析の定式化，基礎研究，応用には池田信行，渡辺信三，重川一郎，楠岡成雄などの日本人研究者の貢献は非常に大きいものです．この枠組でウィーナー空間上でウィーナー測

度に基づいたソボレフ空間，超関数の理論が確立しているので，無限次元空間上の Hodge-小平理論にアタックする準備はできたと言えます．

今，ソボレフ空間の理論と書きましたが，注意してほしいことがあります．$\mathbb{R}^n$ 上の関数 f が超関数の意味で k 階微分可能 (通常の微分と違って一般化された意味で微分可能ということ) かつその微分がすべて p 乗可積分のとき f はソボレフ空間 $W^{k,p}$ に属すといいます．$k > n/p$ を満たせば，$W^{k,p}$ の元は連続関数になります．しかし，今は空間次元が無限なので，(Malliavin 解析における) 超関数の意味で何回でも微分可能かつその導関数がすべての可積分性を満たすとしても関数が連続になるとは限りません．確率微分方程式の解はそのような典型的な例です．

2 次元ブラウン運動 $w(t) = (w_1(t), w_2(t))$ に対して初期位置が原点にある次の確率微分方程式を考えましょう：

$$dx_1(t) = dw_1(t)$$
$$dx_2(t) = x_1(t) dw_2(t)$$

このとき解は

$$x_1(t) = w_1(t),\ x_2(t) = \int_0^t w_1(s) dw_2(s)$$

となります．x_1 は w_1 と同じですから w_1 の連続な関数 (関数空間上の関数なので汎関数とよばれます) なのは明らかです．x_2 は w_1, w_2 の積分 (普通の積分ではなく確率積分とよばれる積分) の形で書かれている 3 回微分すると 0 になる関数ですが，w の位相 (一様収束位相など) に関して連続ではないということが示されています．

ウィーナー空間の場合と同様に $P_e(G), P_{e,a}(G)$ でも微分, ソボレフ空間が定義できます. さきほど説明しましたように $P_{e,a}(G)$ のほうが興味あるのでこの空間を考えます. $P_{e,a}(G)$ 上の de Rham の定理および Hodge-小平の定理に関しては, 楠岡による結果があります (正確には, 楠岡は少し異なる設定で考えています). 彼は, $P_{e,a}(G)$ 上で超関数の意味で無限回微分可能ですべての導関数が局所的に p 乗可積分である空間を導入し, それに基づいて微分形式の空間を定義しています.

　この空間で有限次元の場合と同様に $H^k(P_{e,a}(G), \mathbb{R})$ を定義します. 次に $P_{e,a}(G)$ の滑らかなパスからなる部分集合 $P_{e,a}^H(G) = P_e^H(G) \cap P_{e,a}(G)$ を考えます. $P_{e,a}^H(G)$ はヒルベルト多様体とよばれるもので, 有限次元の場合と同様に通常の意味で滑らかな微分形式で定義される k 次 de Rham コホモロジーと k 次特異コホモロジーの間には同型写像が存在します.

　楠岡はこれらのコホモロジーと $H^k(P_{e,a}(G), \mathbb{R})$ の間に自然な同型写像があることを示しました. この証明は簡単ではありません. そもそも $P_{e,a}(G)$ と $P_{e,a}^H(G)$ は違う空間で微分形式の空間もまったく異なります. また, 証明の中で確率微分方程式を用いて, $P_{e,a}(G)$ の問題をウィーナー空間内の問題に変換しますが, 確率微分方程式の解が不連続であるため, いろいろとやっかいな問題を引き起こします.

　さきほど確率微分方程式の解の第 2 成分 x_2 が w の連続関数にならないと述べましたが, じつは w_1, w_2 を用いて定義される確率微分方程式の解の不連続性はこの x_2 の不連続性に由来することが Terry Lyons の Rough path 解析により明らかにされています. 私は現在この事実を用いて, 上記の困難な点をある場合には回避できるのではないかと思い, 論文を準備中なのですが, そ

の成否は近い将来明らかになるでしょう．

さて話を戻して，楠岡の Hodge-小平の定理に関しての結果を紹介します．$P_{e,a}(G)$ 上の測度 $\mu_{e,a}$ に関して共役作用素をとることにより d_k^* が定義可能です．$L_k = -(d_{k-1}d_{k-1}^* + d_k^*d_k)$ がコンパクト多様体のときの Hodge-小平作用素の無限次元版です．楠岡は自然な線型写像 $\mathrm{Ker}\, L_k \to H^k(P_{e,a}^H(G), \mathbb{R})$ が存在し，これがすべての $k \geq 0$ で全射であること，$k = 0, 1$ では同型写像であることを示しました．したがって，0 次元，1 次元の場合に de Rham および Hodge-小平の定理のアナロジーが成立することが示されたことになります．

以上の結果は 1990 年の京都での国際数学者会議でアナウンスされた結果でそのプロシーディングで述べられています．その後出版された 2 つの論文でそのアイデアを支える基礎的結果が述べられています．残念ながら上記結果の完全な証明は公表されていませんが，間違いはないものと思われます．さて，$k \geq 2$ の場合は open problem と言うことになります．今の場合，奇数の k について $H^k(P_{e,a}^H(G), \mathbb{R}) = \{0\}$ が知られていますが，$\dim \mathrm{Ker}\, L_k < \infty$ も自明ではありません．

ここで，一番簡単な関数に作用する L_0 の性質について説明しましょう．まず $P_e(G)$ 上の話から始めます．G がユークリッド空間のとき (ユークリッド空間はコンパクトではありませんが，$P_e(G)$ はウィーナー空間であり微分，L_0 がもちろん定義可能です) L_0 は Ornstein-Uhlenbeck 作用素，個数作用素とよばれています．一般の G に対して次のポアンカレの不等式 (♢), 対数ソボレフ不等式 (♣) が成立します：

正定数 α, β が存在して $P_e(G)$ 上の任意の滑らかな関数 f について

$$\alpha \int_{P_e(G)} (f - \mu(f))^2 d\mu \leq \int_{P_e(G)} |df|^2 d\mu \qquad (\diamondsuit)$$

$$\int_{P_e(G)} f^2 \log\left(f^2/\|f\|_{L^2(\mu)}^2\right) d\mu \leq \beta \int_{P_e(G)} |df|^2 d\mu(w) \qquad (\clubsuit)$$

ただし $\mu(f) = \int_{P_e(G)} f(w) d\mu(w)$.

ポアンカレの不等式は 0 が重複度 1 の固有値でその固有関数が定数関数であることと，0 の上にスペクトルのギャップがあることを示しています．じつは，($\clubsuit$) が成立すると ($\diamondsuit$) が $\alpha = \frac{2}{\beta}$ で成立することも一般的に証明できます．対数ソボレフ不等式は L^2 ノルムよりやや強い $L^2 \log L$ 型のノルム (Orlicz norm) が df の L^2 ノルムで評価されることを主張しています．$\mathbb{R}^n (n \geq 3)$ 上のソボレフの不等式は関数 f の $L^{2n/(n-2)}$ ノルムが f と df の L^2 ノルムの和の定数倍で上から評価できることを示しています．$p > 2$ ならば，空間の次元が高いとき，f の L^p ノルムは f と df の L^2 ノルムでは制御できなくなるので，無限次元空間では有限次元と同じようなソボレフ不等式は期待できません．この不等式は一見弱い結果に見えますが，場の量子論，統計力学，熱核の評価など様々な分野で用いられる重要な不等式です．

次に $P_{e,a}(G)$ の場合の結果を述べましょう．$L_0 f = 0$ の解 ($df = 0$ の解と言っても同じです) は定数関数とは限りません．というのは，$P_{e,a}(G)$ は非連結な空間になることがあり，各連結成分で定数となる関数を考えることにより，$L_0 f = 0$ の解空間の次元は少なくとも，その連結成分の個数以上となるからです．しかし，予想される通り，$P_{e,a}(G)$ が連結な空間ならば $L_0 f = 0$ の解は定数に限ることが証明されています．しかし証明は見かけほど簡単ではありません．次のステップとして，$P_{e,a}(G)$ が連結のとき，L_0

がスペクトルギャップを持つかということが問題になります．コンパクトリー群の場合は未解決な問題ですが，コンパクトリーマン多様体の範囲で考えると Andrea Eberle による反例があります．n 次元球面 S^n 上に標準的な計量と違った赤道付近が負曲率になる計量を入れ，その計量によるブラウン運動を考えます．この場合も $P_{e,a}(G)$ のときと同様に $P_{x,x}(M)$ (x は赤道付近の点) 上で微分 d, L_0 が定義できます．この d についてポアンカレ不等式が成立しないこと，すなわちスペクトルギャップがないことを Eberle は示したのです．ただし，$df = 0$ となる f は定数に限ることは証明できます．

以上ブラウン運動の測度に基づいた無限次元解析の研究を述べて来ましたが，L. Gross, B. Driver, B. Hall たちによる熱核測度に関する L^2 空間の研究があります．熱核測度について簡単に説明しましょう．リーマン多様体 M 上で推移確率密度関数 $p(t, x, y)$ が定義されると述べましたが，この関数は熱核ともよばれます．これを用いて定義される M 上の重み付き確率測度 $p(t, x, y)dy$ が有限次元の場合の熱核測度です．この測度はブラウン運動の時刻 t での測度と言い換えても同じです．多様体がユークリッド空間のときは多次元正規分布ですので，それの一般化に当たる測度を考えることになり，自然な測度であると言えます．

数理物理で現れる Fock 空間がユークリッド空間 (あるいは適当な無限次元空間) 上の正規分布 (ガウス測度) に関する L^2 空間であるのに対して，上記の人々はコンパクトリー群 G 上の熱核測度に関する L^2 空間の研究を行い，Segal-Bargmann 変換の拡張など多くの結果を得ています．

じつは $L_0 f = 0$ の解は定数に限るという結果はこれらの研究の初期段階で用いられていました．無限次元空間でも熱核測度を

考えることができます．G 上のループ空間 $P_{e,e}(G)$ (e は単位元) 上に自然にブラウン運動を定めることができ，その時刻 t での分布として熱核測度が定義できます．$P_{e,e}(G)$ の Ricci 曲率[3]が下に有界ということから，この熱核測度に対しては，対数ソボレフ不等式が成立する，この熱核測度は条件付き測度 $\mu_{e,e}$ と同値で密度関数は有界など，よい性質が知られています．この測度に基づいた無限次元解析も Driver らにより精力的に研究されています．

4 Witten の研究に関連して

パス空間を含むような無限次元多様体上の微分幾何学は 1970 年代ぐらいから構想されたと書きました．無限次元空間上の測度あるいは経路積分による幾何的な研究は 1980 年代の Edward Witten の一連の場の量子論の視点からの研究により新たな問題意識が与えられたと言えます．Witten は経路積分，物理などからのアイデアを援用して研究を行いました．経路積分について少し説明します．すでに定義したウィーナー測度を時間区間 $[0,1]$ に制限すると μ_0 は形式的に

$$d\mu^\lambda(w) = \frac{1}{Z_\lambda} \exp\left(-\frac{\lambda}{2}\int_0^1 |w'(t)|^2 dt\right) dw$$

と書いた場合 (経路積分表示) の $\lambda = 1$ の測度と同じです．dw は W_0^n の Cameron-Martin 部分空間 H 上の一様な測度 (ルベーグ測度)，Z_λ は全測度を 1 にする規格化定数です．もちろん無限次元空間には有限次元のときのようなルベーグ測度は存在しません．

---

[3]今の場合，曲率テンソルはトレースクラスに属さないので，適当な意味付けをする必要があります．

また，ブラウン運動のパスはすべての時刻で微分不可能なので，$w'(t)$ も意味を持ちませんが，ある意味で上記の式は $\lambda > 0$ の場合は正当化できて H よりやや広い連続関数の空間上の確率測度になります．標準正規分布の表示 $(\lambda/(2\pi))^{n/2} e^{-\lambda |x|^2/2} dx$ との類似にも注意してください．$\lambda = \hbar^{-1}\sqrt{-1}$ のときは，量子力学の基本方程式である Schrödinger 方程式と関連して，Feynman が考えた経路積分[4]に他なりません．$\hbar$ はプランク定数という微小定数です．こちらは測度として意味がつきませんが，藤原大輔ら多くの研究があります．Witten はこの経路積分をいろいろな場合に大胆に使い，多くの定理を予言したわけです．その議論の多くは未だ数学的に正当化されていませんが，Albeverio, Hahn, Sengupta らの厳密な研究もあります．

この経路積分とは少し異なりますが私は Witten の「Morse 不等式の準古典極限を用いた証明」の研究に動機付けられた研究をしています．これを説明しましょう．f をコンパクトリーマン多様体 M 上の滑らかな関数とします．f の微分が 0 となる点は f の臨界点とよばれます．臨界点が有限個で各臨界点 c でのヘッセ行列 (f の c での 2 階微分で定まる行列) が可逆のとき，f を Morse 関数といいます．また，f の c でのヘッセ行列の負の固有値の個数を f の c における指数といい，$\mathrm{ind}(c)$ と書くことにします．「$\dim H^k(M, \mathbb{R}) \leq $ "$\mathrm{ind}(c) = k$ となる臨界点 c の個数"」が成立します．これを Morse の不等式といいます．

Witten は Hodge-小平作用素を微小パラメータ ε を含んだ Morse 関数で変形した現在 Witten ラプラシアンとよばれる作用素の準古典極限 ($\varepsilon \to 0$ の極限をとるということ) におけるスペク

---

[4] 本当はポテンシャル関数の項もついています．

トルの漸近挙動を用いて Morse 不等式を証明しました．Witten ラプラシアンによる Morse 不等式の証明では，多様体のホモロジーが完全に分かるわけではありません．Witten はさらに臨界点の間のトンネル効果を考慮して多様体のホモロジーを復元する複体 (Morse-Witten 複体) の構成を提案しています．

一方，Andreas Floer はラグランジュ部分多様体に端点をもつパス空間 (を拡張した空間) 上で作用汎関数を定義し，この Witten によるアプローチで Floer ホモロジーとよばれるホモロジーを定義しました．この作用汎関数は古典的な意味での Morse 関数ではないので，工夫が必要になります．

このように，ホモロジーの立場では Witten のアイデアは無限次元化が成功し意味のある結果が出ています．もともとの Witten の研究では作用素の準古典極限を考察していました．無限次元空間の作用素の準古典極限を用いた Floer ホモロジーへのアプローチもありえるのだろうか？そもそも無限次元空間における作用素の準古典極限・トンネル効果の研究はどのぐらい進んでいるのだろうか？と疑問が湧きます．

じつは無限次元空間上の準古典極限，トンネル効果の数学的に厳密な研究は多くありません．Floer の場合で Witten ラプラシアンを考えるとしたら Floer の汎関数で経路積分表示された測度の構成が必要ですが，これは難しい問題です．Floer の考えている汎関数と違い，$P_{e,a}^H(G)$ で定義されるパスのエネルギー汎関数 $E(w) = \int_0^1 |w'(t)|^2 dt$ は a を適当に選べば古典的な意味での Morse 関数になります．

また，場の量子論に現れるハミルトニアンは典型的な無限次元空間上の作用素で，プランク定数 $\hbar$ という微小パラメータを含ん

でいます．私の現在の目標の 1 つは，これらの場合の準古典解析を足がかりに無限次元空間のトポロジーと準古典解析との関連を研究することにあります．

5 最適輸送写像と幾何学

リーマン多様体の場合も定義できますが，ここでは記述を簡単にするため，$\mathbb{R}^n$ 上の確率測度の場合を考えます．$\int_{\mathbb{R}^n} |x|^2 \mu(dx) < \infty$ となる $\mathbb{R}^n$ 上の確率測度 μ 全体の集合を $P_2(\mathbb{R}^n)$[5]と書くことにします．$\mu, \nu \in P_2(\mathbb{R}^n)$ に対して

$$W_2(\mu, \nu) = \inf \Big\{ E[|X-Y|^2]^{1/2} \,\Big|\, X, Y \text{ は確率変数で}$$
$$X \text{ の分布は } \mu, Y \text{ の分布は } \nu \text{ となるもの} \Big\}$$

と定義します．2 節で 2 つの相異なる点から出発するブラウン運動を共通の確率空間で実現するということを考えましたが，上記確率変数 X, Y も同じ確率空間で定義されている必要があります．

本来無関係なものを同じ土俵に載せて考えることになり，自由度があります．$W_2(\mu, \nu)$ はある意味でそれらの中で一番効率良いものを考えることになります．$W_2(\mu, \nu)$ は $P_2(\mathbb{R}^n)$ の Wasserstein 距離とよばれる距離を定め，$W_2(\mu_n, \mu) \to 0$ のとき μ_n は μ に弱収束することが分かります．この性質から W_2 は中心極限定理など種々の極限定理の証明などに用いられています．さて $P_2(\mathbb{R}^n)$ のうちで密度関数を持つ確率測度全体の集合を $P_{2,ac}(\mathbb{R}^n)$ と書きましょう．最近，この $P_{2,ac}(\mathbb{R}^n)$ 上の解析が様々な分野で関心が

---

[5] この P はパス (=Path) の P ではなく確率 (=Probability) の P です．

もたれているのですが，その要因の 1 つは 1990 年代後半の Felix Otto による

（1） $P_{2,ac}(\mathbb{R}^n)$ に (形式的な) リーマン計量が存在し，この計量による距離が Wasserstein 距離となること

（2） $P_{2,ac}(\mathbb{R}^n)$ 上の自然な汎関数 (相対エントロピーなど) の上記のリーマン計量に関するグラジエントフローが $\mathbb{R}^n$ 上の (非線形) 偏微分方程式 (相対エントロピーのときは熱方程式) の解になること

などの発見であると思われます．ここで最適輸送写像の意味を説明しましょう．任意の $\mu, \nu \in P_{2,ac}(\mathbb{R}^n)$ に対して適当な凸関数 ψ が存在して

$$(\nabla \psi)_\sharp \mu = \nu \quad かつ \quad W_2(\mu,\nu)^2 = \int_{\mathbb{R}^n} |\nabla \psi(x) - x|^2 \mu(dx)$$

を満たすことが知られています．ただし，$(\nabla \psi)_\sharp \mu$ は写像 $x \to \nabla \psi(x)$ による μ の像測度を表します．これはつまり，確率空間 $(\mathbb{R}^n, \mu)$ 上の 2 つの確率変数 $x, \nabla \psi(x)$ が Wasserstein 距離を与えているという意味します．この写像 $x \to \nabla \psi$ が最適輸送写像とよばれるものです．

このような写像を求める問題は 18 世紀の Monge により提起されましたが，1980 年代になってから満足すべき解答が与えられた難しい問題です．この最適輸送写像を用いると任意の $\mu, \nu \in P_{2,ac}(\mathbb{R}^n)$ に対して $\{\mu_t \mid 0 \leq t \leq 1\} \subset P_{2,ac}(\mathbb{R}^n)$ が存在して $\mu_0 = \mu, \mu_1 = \nu, W_2(\mu_s, \mu_t) = (t-s)W_2(\mu,\nu)$ などを示すことができます．つまり $\{\mu_t\}$ は μ と ν を結ぶ "測地線" になります．これらの見方により，種々の非線型発展方程式の他，(対数) ソボレフ不等式，輸送コスト不等式 (Talagrand inequality) などの関

数不等式の研究に新しい視点がもたらされています.

冒頭で述べたようにユークリッド空間だけでなく, リーマン多様体 M に対しても $P_2(M)$ が考えられます. $P_2(M)$ の幾何も多くの人の関心を集めている話題の1つです. $P_2(M)$ の幾何, 関数不等式の分野を牽引している第一人者は疑いもなく Cédric Villani というフランスの数学者です. 彼はまだ30代半ばの若さですが, この分野で重要な大部の本をすでに2冊も書くなど, 非常に精力的な研究者です. 彼は, その最初の著書で1970年代の Boltzmann 方程式に関する田中洋の研究を通して Wasserstein 距離になじんだと明かしています. 続けて, Boltzmann 方程式の Wasserstein 距離を用いた研究は別の手法での研究に取って代られつつあると書きつつもその重要性を指摘して, 節を設けて田中の研究結果を説明しているのは日本人として大変印象的で, 誇らしく感じます.

6 最後に

今回は私自身の視点から微分幾何, 無限次元解析と確率論との関わりを解説してきました. 私が力を入れて研究して来たのは, 3, 4節の内容ですが, まだまだ道遠しという所です. 確率論はいろいろな学問・分野とつながりのある興味深い分野です. 多くの人に関心を持ってもらいたいと思います.

参考文献

2節に関して:

[1] Elton P. Hsu Stochastic analysis on manifolds. Graduate Studies in Mathematics, 38. American Mathematical Society

3節, 4節に関して:

[2] 楠岡成雄『無限次元解析としての確率解析』，岩波「数学」45 巻，4 号，1993.

[3] Brian C. Hall, Harmonic analysis with respect to heat kernel measure Bull. Amer. Math. Soc. 38 (2001), 43-78.

[4] Edward Witten, Supersymmetry and Morse theory, J.Diff.Geom. 17, (1982), 661-692.

[5] S. Albeverio, A.Hahn and A.N.Sengupta, Rigorous Feynman path integrals, with applications to quantum theory, gauge fields, and topological invariants, Stochastic analysis and mathematical physics, 1–60, World Sci. Publ.,2004.

[6] 藤原大輔『ファインマン経路積分の数学的方法－時間分割近似法』，シュプリンガー現代数学シリーズ

5 節に関して：

[7] Cédric Villani, Topics in optimal transportation, Graduate Studies in Mathematics, 58. American Mathematical Society, 2003.

[8] Cédric Villani, Optimal transport. Old and new. Grundlehren der Mathematischen Wissenschaften, 338, Springer-Verlag, 2009.

ここ10年の作用素環論の話題から

植田好道

1 はじめに

　私が大学院に在籍した最後の年の1998年に,某数学啓蒙雑誌で作用素環論の当時までの発展を描いた連載がありました.読み返してみると,この10年の間に大きく変わったと思う反面で,あまり変わらなかった感じもします.2008年の今年はそれからちょうど10年目です.そう考えると,これまでを振りかえる適当な時期であるように思えてきました.この紙面を借りて,作用素環論のこの10年を振り返るとともに少し反省してみたいと思います.とはいえ,あくまでもこの10年の間に,私が見聞きし興味を持ったことについてです.以後,通例に従って本文中では敬称を基本的に省略します.しかし,どうも気が進まないので日本人の名前だけは例外です.

2　10 年少し前の状況

　この 10 年を振り返る前に，その前の時期を自分に関わる範囲で少し振り返ってみます．ちょうどその頃は，日本の作用素環論（の一部）にとっては過渡期であったように思います．

　私が大学院生になった 1994 年頃は，V. F. R. Jones が創始した部分因子環の理論が，結び目理論，可解格子模型，量子群，等々，当時流行の話題と密接に関連し華やかな雰囲気に包まれていました．また，私の周りの多くの人々も部分因子環の研究に携わっていました．それが 1996 年頃になると話が一変します．そのころから部分因子環の研究から離れる人が目立ち始めます．

　私自身は，1995 年頃にある人の何気ない一言と当時新進気鋭だった K. Dykema と F. Radulescu が相次いで日本を訪問したのをきっかけに自由確率論に出会い，それから自由確率論に直接間接に関わる話題をずっと研究しています．たまたまとはいえ，適当な研究テーマの選択を可能にした当時の環境に自分の幸運を感じます．もっとも当時は，周りに自由確率論に明るい研究者もいなくて，適当な問題を見いだすこと自体に難渋した記憶しかありません．

　ここで当時の自由確率論を簡単に振り返ってみましょう．創始者の D. Voiculescu が 1990 年頃に自由確率論とランダム行列との関係を見いだし，ランダム行列を自由群因子環 $L(\mathbb{F}_n)$（自由群 $\mathbb{F}_n$ のヒルベルト空間 $\ell^2(\mathbb{F}_n)$ への左正則表現から生じるフォン・ノイマン環という作用素環の具体例です）の解析に応用し始めました．それに引き続いて Radulescu, Dykema が大活躍していました．

　私はこの 2 人に影響されてこの方向に進んだわけですから，こ

の路線しか見えていませんでしたし,この路線が自由確率論の研究の中で一番おもしろいとさえ思っていました.今にして思えば,Voiculescu はさっさと次の試みを展開し始めていました.それがシャノン・エントロピーの自由確率論での類似物——自由エントロピーとよばれます——の研究です.しかし,当時の私は自由エントロピーの研究に向かう勇気を持っていなかったように思います.

3 自由確率論と作用素環論の研究手法

この辺りで数学的詳細にも触れてみましょう.自由確率論の土台になるのはフォン・ノイマン環 M とその上で定義されるトレイス状態とよばれる線形汎関数 $\tau: M \to \mathbb{C}$ で以下の条件をみたすものです:

(a) $\tau(1) = 1$ (全測度が 1 に対応する条件)
(b) $\tau(x^*x) \geq 0$ (正値性)
(c) $\tau(xy) = \tau(yx)$ (トレイス性)
(d) (誤解を恐れずに言えば) 単調収束定理に対応する適当な連続性.

ここで,フォン・ノイマン環とはヒルベルト空間の上の有界線型作用素が集まってできる *-代数[1]で適当な位相で閉じているものです.可換性を仮定すると,ある測度空間 X の $L^\infty(X)$ と同一視できます.このことから,フォン・ノイマン環をあたかも仮想

---

[1] *-代数とは行列の共役のような演算を持つ複素スカラー倍をもつ環のことです.典型的な例は $n \times n$ 行列全体 $M_n(\mathbb{C})$ です.このことから「作用素環」は本来は「作用素代数」とよぶべきなのですが,歴史的な事情からか「作用素環」とよぶのが一般的です.

的な「非可換測度空間」の上の本質的有界可測関数の集まりと考えて，普通の解析の類似を考えることは多用される研究手法です．もちろん，確率論の類似を考えることも自然です．その際，確率変数はフォン・ノイマン環の要素だと思えば良いわけですが，他に確率測度ないしは期待値の概念が必要になります．特にトレイス性を仮定する必要はないのですが，自由確率論では多くの場合で期待値をトレイス状態により与えます．

ここまでの話から，作用素環論は他の分野の類似を考えてばかりでおもしろくない分野だと思われる読者もいるかも知れません．私見ですが，数学の研究では本当に何もない所から何かが急に現れるということはほとんどないように思います．むしろ，類似を考えることは重要な研究手法です．作用素環論の究極な目標は「可能な限り多くの作用素環を識別し深く理解すること」にあるように思います．しかし，これは (ほとんど不可能に思える) 難問です．

ここで，手元に 2 つの非有界自己共役 (線型) 作用素 H, K があるとしましょう．(量子力学では物理量は非有界自己共役作用素により与えられるのですからこのような状況は一般的と言えます．) このとき，それぞれのケーリー変換

$$C_H := (H - \sqrt{-1}I)(H + \sqrt{-1}I)^{-1},$$
$$C_K := (K - \sqrt{-1}I)(K + \sqrt{-1}I)^{-1}$$

はユニタリー作用素になります．(しかも，C_H, C_K は H, K のすべて情報を持っています)．そこで，C_H, C_K およびその共役 C_H^*, C_K^* を変数とする (非可換) 多項式全体を考えると有界線型作用素のなす ∗-代数が得られ，さらに適当な位相で閉包をとれば，C^*-環もしくはフォン・ノイマン環といった作用素環の具体例を

得ることができます．このように作用素環の具体例は自然に生じます．しかしながら，(少し考えればわかることですが) このようにして得られた作用素環の性質を詳しく知ることは絶望的なことです．ちなみに，1つの自己共役作用素から出発して同じことを考えると可換な作用素環を得ることになります．この場合は，スペクトル理論が (関数環表示を通して) 作用素環の構造を完全に決定し，作用素環論の立場からは「自明な場合」です．もっとも，勝手に与えられたユニタリー作用素や (非有界) 自己共役作用素のスペクトルの性質を決定することはかなり難しい話なのですが…

以上のことを踏まえて，作用素環論では百科辞典を作ること——解析可能でほどよく非自明なおもしろい[2]具体例の収集 (＝構成) とそれらの識別——が研究の初期から重要視されています．つまり，類似を考えること自体が目的ではないのです．けれども，研究の歴史は他分野との類似の追求が作用素環の解析において大きな役割を果たすことを証明してきました．例えば，C^*-環の分類理論では位相幾何学をその源とする K-理論が本質的です．さらに，J. von Neumann に始まり A. Connes, U. Haagerup らにより完成した超有限的フォン・ノイマン環[3]の分類理論においては，多くの局面で L^p-空間論の類似理論が不等式評価のための手法を

---

[2]抽象的ですがこれは案外大切な要請です．こういう例が多ければ多いほどその分野は豊かになります．

[3]超有限的というのは有限次元環で近似できるという意味です．まともな測度空間 X の $L^\infty(X)$ はいつでも超有限的であって適当な意味で 1 種類しかありません．しかし，一般の非可換のフォン・ノイマン環になると超有限的でないものは本質的に非可算無限種類あってフォン・ノイマン環の世界は豊穣であることが知れています．このことは多くの人々の貢献を踏まえ，最終的には現在は幾何で有名な D. McDuff により明らかにされたことです．

与え，エルゴード理論で有名な「ロホリンの補題」[4)]の類似が自己同型の解析で決定的な役割を果たし，群の従順性に関する研究がその証明の方針に基本的な影響を与えたように見えます．

自由確率論も，単にフォン・ノイマン環を「非可換測度空間」上の (本質的有界) 可測関数の集まりと考え，その上に定義されるトレイス状態を期待値 (確率測度による積分) と思うだけでは大した話にはなりません．おもしろいところはもっと先にあるのです．

ところで，自由確率論の「自由」の出所はすでに出てきた自由群，より一般には群の自由積の概念です．先に自由群の正則表現から生じるフォンノイマン環 $L(\mathbb{F}_n)$ が出てきましたが，このフォン・ノイマン環の作り方はどのような離散群に置き換えても有効です．自由群 $\mathbb{F}_n$ は群の自由積 $G*H$ の概念で考えるとちょうど整数群 $\mathbb{Z}$ を n 個自由積をとったもの $\mathbb{Z}*\cdots*\mathbb{Z}$ と理解できます．群に対する演算 (構成法) の多くはフォン・ノイマン環に対する構成法に拡張されていますが，自由積も例外ではありません．

フォン・ノイマン環 M, N の自由積 $M*N$ は $L(G*H) \cong L(G)*L(H)$ が成り立つように定義されます．群だけを見ていては絶対に理由はわからないと思いますが，フォン・ノイマン環がヒルベルト空間に密接に関わることに由来して，フォン・ノイマン環の自由積はフォン・ノイマン環とその上の状態に依存する構成法として定式化せざるをえません．離散群 G から生じるフォン・ノイマン環 $L(G)$ は標準的なトレイス状態をもつことが知られます．じつは $L(G*H) \cong L(G)*L(H)$ の同型はそのような標準的なトレイス状態込みの同型です．

[4)] 幾何に「ロホリンの定理」という有名な結果がありますが，それとは違って可測変換に対する主張です．こちらもとても有名かつ重要です．

自由確率論の出発点は，このようにフォン・ノイマン環の自由積が状態にも依存してしまうという「不都合な事実」にあります．実際，群の自由積は「普遍性」という概念により一意的に定まるのですが，フォン・ノイマン環の自由積は状態にも依存することから「普遍性」で規定することは不可能です．当然，フォン・ノイマン環の自由積 $M*N$ は最初に与えた 2 つのフォン・ノイマン環 M,N により生成されるのですが，自由積構成法により生じる $M*N$ 上の状態に対して M,N がどのように振る舞うかを記述した「規則」により自由積が規定されます．自由積自体は Voiculescu 以前にも考えた人がいるのですが，彼が決定的に違ったのは，この状態に関する「規則」を確率論における独立性の類似物と見抜いたことでした．すなわち，自由確率論の核心はフォン・ノイマン環と状態の組を「非可換確率空間」と考えて，自由積の定義で現れる「状態に関する規則」と独立性の類似を追求することにあります (このため，この規則を自由独立性などとよびます).

　これでもまだ単なる類似を越えてないと批判を浴びせる人もいることでしょう．しかし，この程度の類似に基づく研究でもおもしろいことがわかります．初期の段階ですでに Voiculescu 自身により，全フォック空間 (物理でよく出てくるのは，その部分空間の対称・反対称フォック空間です) と自由群因子環 $L(\mathbb{F}_n)$ の意外な関係が見いだされたり[5]，自由群 (のケーリーグラフ) 上のランダムウォークの再帰確率の生成関数が体系的な方法により求め

---

[5] 具体的には，自由群因子環 $L(\mathbb{F}_n)$ の全フォック空間上の生成・消滅演算子に基づく表現を見いだしました．

られたりしました[6]．しかしながら，これだけでは作用素環の解析に直接貢献しなかったために注目を浴びるには不十分だったようです．先にも少し触れたことですが，独立なランダム行列たちのサイズ無限大の「極限分布」が自由独立性をみたすことを示し，それを自由群因子環 $L(\mathbb{F}_n)$ の解析に応用した Voiculescu の仕事が現れてようやく脚光を浴びるようになったようです．

さらに，ランダム行列の考えに基づいて自由独立性に対して良く振る舞うシャノン・エントロピーの類似物が導入され，現在まで盛んに研究されています．ボルツマンの墓標にある $S = k \log W$ のように，エントロピーはある種の「体積」の log として本質的には定義されるべきものです．自由エントロピーも同じ考えに基づいて定義されています．体積の log という量はフラクタルで出てくるミンコフスキー次元でも重要な役割を果たします．そこで，自由エントロピーを基にミンコフスキー次元の考えを用いて自由エントロピー次元というものも導入され，こちらはフォン・ノイマン環の不変量になるのではないか？と期待されています．そのことを示すためには，適当な下半連続性が証明できれば良いということが，かなり早い段階で Voiculescu 自身により明らかにされています．しかし，ずっと未解決のままです．予想が肯定的に解ければ，「$n \neq m \Rightarrow L(\mathbb{F}_n) \not\cong L(\mathbb{F}_m)$」が即座に従いますが，これは遥か昔からの重要未解決問題の解決に他なりません．

---

[6] これ自体は自由確率論以前に仕事があります．例えば，青本和彦氏の仕事などです．

4 エルゴード理論と離散群論の境界領域からの衝撃

この辺りで 1998 年からの 10 年間の話に戻りましょう. まず, 1998 年にエルゴード理論と離散群論の境界領域で大きな話題が現れました. ちょうど私がバークレイに着いた週に Voiculescu の主催するセミナーでも話題になっていました. その話題とは, エルゴード変換を使って定義される「コスト」とよばれる離散群に対する不変量のことです. 近くにエルゴード変換群の軌道同値の研究者がいたこともあり, 私はこの方向には通じていたつもりだったのですが, この D. Gaboriau の仕事はまさに青天の霹靂でした. ここで Gaboriau の仕事の話をしましょう.

与えられた離散群 G に対して確率空間 (X, μ) への測度を保つ (このことを簡単に「保測」とよぶのが普通です) 自由作用[7] $G \curvearrowright X$ を考えます. このとき, X 上の保測部分変換の族 $\Phi = \{\varphi_i : D_i \to R_i\}_{i \in I}$[8]で, ほとんどすべての $x \in X$ に対して $G \curvearrowright X$ による軌道 $G \cdot x = \{g \cdot x \mid g \in G\}$ と Φ による軌道 $\{\varphi_{i_1}^{\varepsilon_1} \circ \cdots \circ \varphi_{i_\ell}^{\varepsilon_\ell}(x) \mid i_j \in I, \varepsilon_j \in \{\pm 1\}, 1 \leqq j \leqq \ell, \ell \in \mathbb{N} \sqcup \{0\}\}$ が一致するものを考えます. このとき,

$$C_\mu(\Phi) := \sum_{i \in I} \mu(D_i)$$

(保測性から $\sum_{i \in I} \mu(R_i)$ としても同じ) と定め, それらすべてに渡

---

[7] 自由作用というのは自由群や自由積の「自由」とは異なる意味です. ある意味で群 G が「無駄なく」作用していることを自由であるといいます. 詳しい定義は適当な書物を見てください.

[8] D_i, R_i は可測部分集合で, それぞれ部分変換 (=部分的に定義された可測変換) φ_i の定義域と値域を表わします.

る下限をとった量

$$C_\mu(G \curvearrowright X) := \inf_\Phi C_\mu(\Phi)$$

を Gaboriau は $G \curvearrowright X$ のコストとよびました．考察の作用がエルゴード的ならば不変確率測度はただ 1 つしかありませんから，$C_\mu(G \curvearrowright X)$ はエルゴード的保測自由作用 $G \curvearrowright X$ に対する軌道同値不変量になります．さらに，群 G のエルゴード的保測自由作用 $G \curvearrowright X$ すべてに対してコストの下限

$$C(G) := \inf_{G \curvearrowright X} C_\mu(G \curvearrowright X)$$

を考えると G 自体の不変量が得られるのは自明でしょう．

一般に，すべてに渡る下限や上限を取ってしまえば不変量が得られることは明らかです．難しいのはそれを計算することです．驚くべきことに，Gaboriau は自由群 $\mathbb{F}_n$ やより一般の自由積の場合に実際に計算してみせました．例えば，$C_\mu(\mathbb{F}_n \curvearrowright X) = n$ が作用 $\mathbb{F}_n \curvearrowright X$ によらずにいつでも成立することなどが証明されました．すなわち $C(\mathbb{F}_n) = n$ です．この研究成果自体も驚きだったのですが，一見安直に定義された不変量が計算されて，非自明な結果が導かれたということに私は大きな衝撃を受けました[9]．

当時の私には，Gaboriau の仕事は直接必要ではなかったのですが[10]，衝撃が大きかったこともあって，かなり勉強しました．

---

[9] 余談ですが，J. Feldman というバークレイのエルゴード理論の専門家は「計算できると思うなんてクレージーだ」などと言っていました．今となってはそこまでは思いませんが，最初は私もそのぐらい衝撃を受けました．

[10] 当時，私は量子群のフォン・ノイマン環への作用の研究を行っていました．しかし，フォン・ノイマン環の融合積 (自由積を一般化したものです) の研究も行っていて，その方向からはまったく関係なかったとは言えないので

コストの話を知った約 1 年後に Gaboriau と知り合いになり，いろいろ教わったり，自分で考えたりしました．じつはコストの話の裏にはグラフに対するオイラー数の考えがあることに気づいて自分なりに整理したりしましたが，本質的な貢献をすることはできませんでした．しかしながら，コストの話も極めて高度な「類似」に基づく研究であることはよく理解できました．その間にも Gaboriau 自身は先に進み，M. Gromov らによって考察された離散群に対する ℓ^2-ベッチ数が軌道同値不変量であることを明らかにしました．それから自由エントロピー次元との類似性も相まって作用素環論の研究者からも興味を持たれています．

　このようなエルゴード理論と離散群の境界領域では Gaboriau の他に A. Furman, N. Monod, Y. Shalom という若い優秀な人々が 2000 年前後から大活躍しており，(海外においては) 多くの研究者の興味を引いています．さらに，軌道同値の研究は「ボレル同値関係 (による分類) の研究」と見なすことができるので，ロジック (=数学基礎論，集合論，などと国内では分類するのでしょうか？) の研究者たちも精力的に研究しています．

　他方で日本の状況は必ずしもそうではなかったのですが，2005 年頃になってようやく木田良才さんが出てきました．彼は写像類群のエルゴード的作用の軌道同値問題に対して本質的かつ決定的な仕事を連発しました．ちなみに，写像類群はかなり幾何を使うので作用素環論やエルゴード理論を主に研究しているとなかなか取り扱うのが難しい対象です (通常の作用素環論やエルゴード理論の研究者は，解析が好きな人々で幾何はあまり得意ではありません．例外もありますが …). 実際，作用素環論，エルゴード変

すが …

換群の軌道同値の研究の両方で，木田さん以前には写像類群を取り扱った結果はほぼ皆無でした．

5 自明な基本群を持つ II_1 型因子環

コストの衝撃のあと，2000 年夏からバークレイにある MSRI で 1 年間に渡る作用素環論のプロジェクトが行われました．その当時所属していた数学教室の理解もあって，私も半年ほど参加することができました．多くの日本人若手研究者も参加し様々なことがあったのですが，最後の最後に，その後大きな流れを引き起こすことになる S. Popa の仕事が現れました．この Popa という人は 80 年代前半に II_1 型因子環[11]の研究で一世を風靡し，その後，部分因子環の分類論に移り華々しい結果を生み出し続けた作用素環史上最高のテクニシャン[12]です．

部分因子環の研究に一段落した様子だった Popa がある日，II_1 型因子環に対する新しい結果を持って MSRI に講演に来ました．コストの結果を使っていたとはいえ，私には目新しさは感じられませんでした．しかし，直後に彼は結果を著しく改良し，自明な基本群を持つ II_1 型因子環の具体例を構成しました．ここで，基本群と言うのはトポロジーのそれとは違い，von Neumann らの

---

[11] フォンノイマン環の特別なある意味でもっとも興味を持たれるクラスです．自由群因子環 $L(\mathbb{F}_n)$ もそのクラスに入ります．

[12] テクニシャンというと文字通り技術屋さんと誤解されるかもしれませんが，彼はそれ以上の超人です．どうも彼は II_1 型因子環の質感とか形が手に取るようにわかって，それを踏まえて持てるテクニックを総動員して驚くべき定理を証明しているようです．少なくとも凡人の私にはそういうようにしか見えません．私も一度でいいから II_1 型因子環の質感を感じてみたいと思います．

フォン・ノイマン環の理論の出発点となった一連の仕事[13])で導入された II_1 型因子環に対する不変量です．この不変量はほとんど計算できないようにしか見えない代物です．

当時知られていた結果としては，von Neumann らによる超有限の場合の計算[14])，1980 年の Connes による性質 (T) に基づく結果[15])，そして，前に述べた 1990 年頃に自由確率論の応用として計算された無限生成自由群因子環 $L(\mathbb{F}_\infty)$ に対する結果[16])だけでした．つまり，Popa の仕事は作用素環論の歴史上の大ホームランです．しかも，結果がすごいだけではなく，そこで開発された手法[17])が現在進行形で発展しています．しかし，その発展の話をする前に別の大ホームランを取り上げなくてはなりません．

---

[13])いわゆる，Murray–von Neumann の連作とよばれるものです．

[14])超有限的因子環は一意的なので正の実数すべてになることがわかります．

[15])Connes は当時，研究され始めた性質 (T) を上手に使って，性質 (T) を持つ群から生じる II_1 型因子環の基本群が可算でなければならないことを示しました．

[16])ランダム行列の手法を使って証明されます．最初，Voiculescu が正の有理数全部を含むことを示し，ランダム行列の手法を作用素環研究に持ち込みました．その後すぐに Voiculescu の議論を発展させて Radulescu が正の実数全体になることを示しました．このように最終的に解いたのは Radulescu ですが，新しい手法を導入した Voiculescu の貢献が光ります．このように Voiculescu は (自由確率論に於いては) 最後まで自分で問題を解決してしまわないことが多く，そのことが逆に分野の発展に大きく寄与したように思います．もちろん意図的ではなかったとは思いますが，数学も人間の営み故のおもしろい現象です．

[17])性質 (T) に代表される剛性的性質と従順性を少し弱くしたような「柔らかさ」に当たる性質のせめぎ合いが生み出す強烈な性質を使う手法です．この手法はまだ整理されていないと私は考えています．

6 Solid II$_1$ 型因子環

Popa に続く大ホームランは，2003 年の年明けに現れた小沢登高さんの仕事です．すでに作用素空間や C^*-環で大活躍していた彼がフォン・ノイマン環の研究に参入してきたのです．

ある朝，海外にいた彼から「!! preprint ??」という題名の電子メールが届いていました．添付の論文草稿を開いてみると，2, 3 ページの証明で，予期し得ないフォン・ノイマン環の結果が得られていました．印刷する間も惜しんでノートパソコンのスクリーン越しに証明を読んでから，上の空で大学に向かったことを鮮明に覚えています．

ここで，彼が証明したことを簡単に説明してみましょう．1998 年頃，L. Ge が自由エントロピーを使って自由群因子環 $L(\mathbb{F}_n)$ が 2 つの II$_1$ 型因子環のテンソル積にはならないことを証明しました．小沢さんが示したことはこの結果の大幅な拡張です．しかも，自由群を越えて双曲群 G から生じる II$_1$ 型因子環 $L(G)$ に適応可能なものでした．手法も独創的で，C^*-環の手法を上手に使ったものです．元々はフォン・ノイマン環と C^*-環の研究は遠くなかったのですが，最近はどちらかの研究だけをするというのが主流なので，小沢さんの独創性は際立っています．小沢さんは彼が証明した性質を solidity (「堅さ」などと言う意味と思うのですが，「硬い」を表す rigid などもすでに作用素環の用語になっていますから，ここで日本語訳を与えることは避けます) と名付け，彼の後，多くの人がこの性質に注目して研究を進めています．

7 外部自己同型を 1 つも持たない II_1 型因子環

再び Popa の仕事に戻りますが，彼の仕事の意味をよくわかってもらうために，私自身が夢想し基本的には頓挫したことに少し触れましょう．

当時行っていた研究が一段落したので，私は外部自己同型を 1 つも持たない II_1 型因子環の存在問題を遠い将来の大きな目標に据えたいと思うようになっていました．ちょうど 2000 〜 2001 年の頃です．これには理由がありました．理由の 1 つは昔から冨田–竹崎理論に憧れていたことです．冨田–竹崎理論は III 型とよばれるフォン・ノイマン環に有効な大理論で，その創設者である冨田稔先生は，その人となりも相まって作用素環論では伝説の「巨人」です．冨田–竹崎理論は，III 型フォン・ノイマン環が必ず外部自己同型を持つことを系として導きます．このことから，任意の II_1 型因子環が外部自己同型を持ってもおかしくないのですが，他方で外部自己同型を 1 つも持たない離散群が存在することも知られています．研究の歴史は離散群と II_1 型因子環の間にある種の類似性が存在しうることを暗示していますから，外部自己同型を 1 つも持たない II_1 型因子環の存在を期待するのも不思議なことではありません．

とにかく，冨田–竹崎理論に憧れていた私にとってはこの問題は特別なものでした．さらに，「存在を示すだけならまぐれでも作ってしまえばいいんだから，自分のような鈍才にもチャンスがある！」と，日々自分自身に暗示をかけていることもあってなおさらでした．しかも，私は元々建築家になりたかったので何かを作る (構成する) のが好きなのです．無駄話はこのぐらいにして本筋にもどりましょう．

当時の私は，まず問題を切り分けるべきだと考えていました．作用素環の構成問題を考える際に問題になるのは，適当な構成法を準備することと，欲しい性質を示す解析的手法です．作用素環論の良い結果は代数的な主張であることが多いので誤解されているかもしれませんが，その議論の中身は，結果が非自明であればあるほど，解析的[18]に凄まじいものになります．なぜなら，問題の難しさは閉包をとったことにより生じる部分の制御にあることが多いからです．当時の私が考えたことは，適当な構成法を得るために離散群論の類似を体系的に考えることでした．標語的に言えば，群無しの群論をフォン・ノイマン環に対して作ろうというものでした．

　このような状況で，2005 年 5 月にナッシュビルで開催された研究会に参加しました．そこで Popa に会った時に，彼と彼の学生達 (A. Ioana と J. Peterson) の論文草稿を直接手渡されました．驚くことに，先に述べた Popa の大ホームランの手法を発展させて，接合積という昔からよく研究されている構成法と私も研究していた (！) 融合積を組み合わせて，外部自己同型を 1 つも持たない II_1 型因子環を構成していました．すなわち，この問題に対しては既存の構成法で十分だったのです．これは私にとっては衝撃的なことで，離散群論の類似を体系的に考えて行くという自分自身が考えたことを頓挫させてしまいました．

　話は前後しますが，この Popa の路線と小沢さんの路線は，先

---

[18] ここでいう解析的というのは，実解析的な議論とか複素解析的な議論とかそういう類いのものではありません．単純に何重にも近似を行うというもので，不等式評価が本質的です．不等式評価に対しては三角不等式以外の特別なテクニックとかは基本的になくて，実際にはほとんど根性一発でしかありません．Popa はまさしくこの「根性一発」を地でいく人です．

に述べた小沢さんの大ホームランの後すぐに合流し，今日まで様々な成果を生み出しています．さらに，Popa の学生であった Peterson は Popa や小沢さんのものとも異なる新しい手法を編み出し，II$_1$ 型因子環の研究は 2000 年以前のそれとは面目を一新して，今もなお大きな発展を見せています．

8 いくつかの残された課題

すでに許された紙面をかなり費やしたと思うので，現在の私が興味を持っていて，少なからずの人も注目していると思われる話題のいくつかに触れてみましょう．

最初はコストについてです．大したことではないですが，(変換群を含む) 群概念を拡張した擬群 (亜群とよぶ人もいるようです．英語では groupoid とよぶものです) に対してまでコストを拡張して考えることができます．その拡張に対しても，Gaboriau の手法は基本的に有効で，特別な場合として群を考えると，コストは群の階数 $\mathrm{rk}(G)$ (G の生成系の最小個数) と一致し，自由積の階数公式 $\mathrm{rk}(G * H) = \mathrm{rk}(G) + \mathrm{rk}(H)$ が系として復元されます．このことはコストが ℓ^2-ベッチ数とは本質的に異なる量であることを暗示しているように私には思えます．他方で，計算された種々の具体例から，与えられた離散群 G のコスト $C(G)$ と G の ℓ^2-ベッチ数はある一定の関係式を満たすのではないか？という予想があります．反例があると予想するのが多数派だと思うのですが，未解決なおもしろい問題です．

私がかつて研究した量子群作用にも，「超有限的因子環はコンパクト量子群 (例えば $SU_q(2), 0 < q < 1$) の極小作用を許容するか？」という大きな問題が残っています．私は自由群因子環

$L(\mathbb{F}_\infty)$ のような III 型因子環に極小作用を構成したのですが，超有限的因子環への量子群の極小作用の例は未だに知られていません．これは部分因子環の大問題も絡んでいて重要な問題です．最近，(フォン・ノイマン環への) 量子群作用の研究全般で，戸松玲治さんの活躍が目立っています．私自身もこの問題にぜひ貢献したいと思っていますが，世界的に見ても戸松さんがこの問題の解決に一番近いところにいるかもしれません．この問題の難しいところは作用素環の構成法が多くないことにあると思っていますが，外部自己同型の問題の時と同じく的外れかも知れません．

自由エントロピーに関係していくつもの問題があります．数年前より私は，日合文雄さんと自由エントロピーに関わる確率論的不等式を出発点に研究を行っています．昨年，熱心に行ったことですが，日合さんらとの共同研究で弱い形ながら真に非可換の状況で自由エントロピー次元の下半連続性を証明することができました．この結果を踏まえて，ようやく「自由エントロピー次元がフォン・ノイマン環の意味ある不変量を与える」という予想が (制限された状況下で) 肯定的かもしれないと私は思うようになりました．(逆に言うと，この予想に対してはごく最近まで半信半疑でした．) しかしながら，現時点でも予想自体にはまったく手が届きません．フォン・ノイマン環の超積というこれまでの手法では本質的に歯が立たない対象が深く関係している兆候があります．ここ 2, 3 年は Popa や小沢さんの一連の研究が目立っている一方で，自由確率論の (作用素環の問題に関わる部分の) 研究は停滞している感が否めません．しかし，次のフォン・ノイマン環の新たな扉を開くのはこの困難の克服に向けた本質的に新しい進展かも知れません．

ところで，作用素環論の裾野は我々の大先輩の時代に比べて格

段に広がりました．自由確率論の絡みで言うと，組み合わせ論や表現論の漸近挙動を研究する領域に深く関係しましたし，携帯電話など移動体通信の理論的研究にも有効に利用されています[19]．これらの研究者が先に説明したような作用素環論自体の目的を我々と共有することなどあり得ません．しかしながら，私自身もそのおもしろさを感じて注目しています．けれども，私にとってなによりも大切な遠い目標は依然として「可能な限り多くの作用素環を識別し深く理解したい」ということです．

関連してどうしても述べておきたいことがあります．それは自由確率論が，作用素環以外の何かに応用することを目的に生み出されたわけではないことです．Voiculescu は，あくまでも作用素環論の興味からそれが扱う現象がおもしろくて研究しただけなのでしょう．私はこの意外性に数学の奥深さを感じる一方で，移動体通信の研究者の中から自由確率論を理解し使おうという人々が出てきたことに少し驚きを感じなくもありません[20]．理論を開発した本人でさえ予期しない応用が行われることが多々あることを考えると，我々数学者が社会に対してなすべきこと (できること？) は数学の基礎体力を持った人口を可能な限り増やす努力することなのでしょう．これは地味なことではありますが，かなり

---

[19] 移動体通信の理論では大規模ランダム行列が出てきます．自由確率論がランダム行列のサイズ無限大の確率現象を取り扱う枠組みを提供することを逆手に取って，大規模ランダム行列を自由確率論で近似するというのが基本の考え方です．無限に行くと規則性が現れてきれいな世界が出現するというよくある現象の 1 例です．

[20] 工学部出身の記号力学系という数学の 1 分野で独創的な仕事をなさった那須正和さんはかつて私に「数学を専門にする人は少ないのだから，大切なのはそれ以外の人々にいかにして数学をよくわかってもらうかです」という感じのことをお話されました．私には忘れられない一言です．

困難なしかし挑戦する価値のある課題だと思います.

ここまで述べたように，ここ数年は (少なくともフォン・ノイマン環の研究に於いては) 昔から手がつかなかった問題に対する発展が目立っています. 他方で，Jones の部分因子環論や Voiculescu の自由確率論のような真に分野の裾野を広げる研究がしばらく出ていないことが気になります. これは我々およびこれから新たに現れる研究者たちに突きつけられた究極の課題なのでしょう. しかし，別の人は分野の現況に関して違った意見を持っているかもしれません.

図 1　ハンガリーのブタペストにあるフォン・ノイマンの生家. この作用素環論の生みの親から見て現在の作用素環論はどのように見えるのでしょうか？

9　さいごに

最後の最後に，本文で触れられなかったことにほんの少し言及しておきます．

不案内なこともあって C^*-環の話題にはまったく触れませんでした．この方向での進展は 1990 年代から目覚ましく，意味ある分類論が構築されてきています．それは一昔前では信じられないことだそうです．

日本の研究者に関係するところでは，C^*-環の自己同型や群作用の研究が目立っています[21]．若手研究者で言えば，松井宏樹さんらがこの方向で活躍し始めています．松井さんは，他に GPS[22] の一連の仕事として有名であった極小カントール系とよばれる位

---

[21] C^*-環の自己同型・群作用の研究は長らく岸本晶孝さんの独壇場でした．その流れで中村英樹さんが 90 年代後半にすばらしい結果を出し，またほぼ同じ時期に泉正己さんもそれまであまり目立った結果のなかった C^*-環への有限群作用の分類に着手しました．ちなみに，C^*-環，フォン・ノイマン環を問わずに自己同型や群作用の研究を指向するというのは，日本の伝統のような感じがします．現在は「作用素環的数理物理」の研究で有名な河東泰之さんも元々はフォン・ノイマン環への実数群作用の研究の先駆者でした．ここで名前を挙げた人々以外にも，多くの著名な日本人研究者が自己同型・群作用の研究に取り組みました．本文中では述べませんでしたが，実数群作用の研究は今なお多くの難しい問題が残った将来の発展が強く期待される研究領域です．ちなみに実数群作用の研究に関しても C^*-環に関する限りは現状は岸本さんの独壇場です．

[22] T. Giordano, I. F. Putnam, C. F. Skau 3 氏の名字の頭文字の略です．車に搭載されるあれのことではありません．研究の初期からずっと彼らが発展させてきました．ここまで続く共同研究も珍しいのではと思います．ちなみに松井さんが加わった後は GMPS となって，もはや車に搭載するあれとは似ても似つかない名前になってしまいました．

相力学系に対する軌道同値問題の解決の最終段階に参入し，大きな貢献をしました．

他にも量子統計物理や共形場理論の作用素環的取り扱い等，様々な話題があるのですが，すべてに触れるのは私の手に余るようです．また，今回の依頼の趣旨に合わせて，国内の状況に関しては意図的に若手研究者を中心に述べてきました．しかし，国内外を問わず作用素環論には強力な研究者が他にも多数います．私は平凡な人間ですが，多くの先輩，仲間から刺激を受けたり，いろいろなことを学んだり，そして時には大きなプレッシャーを感じて研究を続けています．周りの (特に私より若い) とても強力な人々に囲まれて研究することに厳しさを日々感じる一方で，大きな幸運も感じています．他にも触れたい話題がたくさんあるのですが，ここで終わりにしましょう．

追記 (2009 年 8 月)

本文は 2008 年の 6, 7 月に書きましたが，その後も少しの発展やニュースがありました．

Popa 及び小沢さんらの周辺の話題は相変わらず凄まじいスピードで発展しています．進展のあるところには元気な若手が出てくるものですが，やはり Popa の周りからも力のある若手が出てきています．国内でもこの方向の研究に参入してエルゴード変換群の軌道同値問題に応用する大学院生が出てきました．また，本文で取り上げた仕事などにより小沢さんは 2009 年の春に数学会賞を受賞しました．

松井 (宏樹) さんらの C^*-環への群作用の研究は着実に発展しているようです．関連して，射影を持たない C^*-環上の自己同型

の研究を行い成果を挙げる大学院生が国内に出てきました．ちなみに射影を持たない C^*-環には主に岸本さんが開発して来た自己同型解析の手法・枠組みがそのままでは適用できません．けれども，理論の発展の上で無視できない重要な例があるので今後のさらなる発展が期待されます．

ごくごく最近のニュースとしてはトンプソン群 F の従順性を確立したという論文の出現です．この群は非従順であることの判定条件をすべてくぐり抜けてしまうにも関わらず従順であることが証明できない有名なものでした．非従順であった方が衝撃は大きかったと思いますが，本当に解決したとすれば大きなニュースです．にわかには信じられないことでもあるので，内容の吟味が国内外で行われていると思います[23]．この結果自体は作用素環論の話題ではなく離散群論の話題ですが，従順，非従順性が様々な局面で重要な役割を果たす作用素環論にとっても大きなニュースです．近い将来，日本国内でもその詳細を解説してくれる人が出てくるでしょう．

今後も作用素環論は離散群論に限らず数学のあらゆる分野と関係しつつ発展して行くと私は信じています．また，信じるにふさわしい良い数学的対象であると思います．

参考文献

作用素環論の基礎について：

[1] 生西明夫，中神祥臣『作用素環入門, I, II』，岩波書店．

---

[23] その後しばらくして問題点が明らかになりました．多くの研究者が深刻に検討しているようですが，修正可能か否かはまったく不明な状況です．(2010年 3 月)

自由確率論：

[2] 日合文雄, 植田好道「ランダム行列と自由確率論」,『数理物理への誘い 6』(第 5 話), 遊星社.

最近の発展：

[3] 小沢登高「離散群と作用素環」, 雑誌『数学』61 巻 4 号.

[4] 木田良才「測度論的群論における剛性の研究」, 雑誌『数学』, 出版予定.

それからどうなった？
―代数解析学からリー群の表現論へ―

落合啓之

　学部4年生から修士課程1年生の前半の1年半を費やして『代数解析学の基礎』[1] を読んでいた私は，このあとどうしようか思案していた．ちょうど指導教員[2] の大島利雄先生が JAMI[3] に行って数ヶ月不在だったこともあり，夏休み後は方向性の定まらないまま論文を読んだり，Kazhdan-Lusztig 予想の解決の勉強会に混ぜてもらったり，時には表現論のセミナーに顔を出したりしていた．当時は多くのセミナーと同様に，リー群表現論セミナーも代数解析セミナーも土曜日に開催されていたのだと記憶している．場所は龍岡門近くの5号館である．

　1988年の2月に小研究会が理学部1号館で開かれた．この年(1987年度)，数学科は従前通り5号館にあったのだが，院生室が数部屋だけ1号館にできて，私は1号館を選んだ．選んだ，と書いたが，1号館を選んだ理由は覚えていない．M1 (＝修士1年生) は選択権がなく，希望と関係なく1号館に回されたんだっけ？

　まあ，ともかく，院生室がそっちにあった縁で，この研究会に顔を出した．これは人生を変えるきっかけとなる．そのときに東京在住でない多くの人と初めて知り合うこととなった．そしてそ

の研究会で，木幡篤孝さんの講演を聴いた．ついでながら，そのときの木幡さんの講演には，関口次郎さんが質問やら意見やらで最初から最後まで口を挟んで，木幡さんはまあやりづらかったろうと思う．しかし，その活発なやりとりのおかげでおそらく私にも何か分かることがあったのだろう．計算してみる気になった．

木幡さんの結果の印象的な点は2つあって，1つは隠れた対称性の発見，もう1つは双曲面に付随した球関数の佐藤超関数としての積分表示である．どちらも木幡さんの論文[4]に書かれているが，証明されたそれらの事実の意味は未だ汲み尽くされていないと私は現在でも感じている．私自身が追って考えたのは隠れた対称性の導出であるが，理由の説明というほど透徹した理解には到達していない．

この辺の事情を少し式を使って説明してみよう．主例を挙げる．$n \geq 3$ とする．$(z_1, \cdots, z_{2n})$ を座標とし，$\partial_k = \dfrac{\partial}{\partial z_k}$ と略記する．ある複素数 $\lambda \neq 0$ に対して，佐藤超関数 f が

$$(z_i \partial_j - z_{j+n} \partial_{i+n}) f = 0 \quad (i, j = 1, 2, \cdots, n) \tag{1}$$

$$(\partial_1 \partial_{n+1} + \partial_2 \partial_{n+2} + \cdots + \partial_n \partial_{2n}) f = \lambda f \tag{2}$$

を満たしていたとする．このとき，

$$(z_i \partial_{j+n} - z_j \partial_{i+n}) f = 0 \quad (i, j = 1, 2, \cdots, n)$$

$$(z_{i+n} \partial_j - z_{j+n} \partial_i) f = 0 \quad (i, j = 1, 2, \cdots, n)$$

となる．群を使って短く言い換えれば，「一般線形群 $GL(n, \mathbb{R})$ のある表現[5]での不変固有超関数は不定値直交群 $SO(n,n)$ でも不変である」ということを意味している[6]．おそらく「後者」の言い方だと当時の私には理解不能だったのだが，前者のように式で

言ってくれたことで，理解できた．運が良かった．

より抽象的に言い換えてみよう．群 G が多様体 X に作用しているとき，作用の微分として，G のリー環の普遍包絡環 $U(\mathfrak{g})$ から X 上の微分作用素環 $\Gamma(X, \mathcal{D}_X) = D$ に自然な代数準同形 $\phi: U(\mathfrak{g}) \to D$ が誘導される．$\mathfrak{g}$ の部分リー環 $\mathfrak{h}_1, \mathfrak{h}_2$ に対して，D の左イデアルの等式 $D\phi(\mathfrak{h}_1) = D\phi(\mathfrak{h}_2)$ が成り立つとき，$\mathfrak{h}_1$ と $\mathfrak{h}_2$ は D-不可分 (indistinguishable) と名付けることにしよう．特に，$\mathfrak{h}$ に対して，$D\phi(\mathfrak{h})$ の ϕ による逆像と $\mathfrak{g}$ との共通部分は，$\mathfrak{h}$ と D-不可分な最大の部分リー環となる．これを D-不可分閉包 (indistinguishable closure) とよぶことにしよう．より一般に，部分集合 $I_1, I_2 \subset U(\mathfrak{g})$ に対しても，条件 $D\phi(I_1) = D\phi(I_2)$ によって，D-不可分性や閉包を定義できる．木幡による隠れた対称性の発見は，「$X = \mathbb{R}^{2n}$, $\mathfrak{g} = \mathfrak{gl}(2n, \mathbb{R})$ の場合に，$\mathfrak{h}_1 = \mathfrak{gl}(n, \mathbb{R})$ の D-不可分閉包が $\mathfrak{h}_2 = \mathfrak{so}(n, n)$ になる」という事実から従う系と理解できる[7]．ここで固有条件 (2) を使っていないことが著しい．

上の「...」の事実を示すのは難しくなく，簡単な非可換代数計算から従う[8]．証明はやさしいのだが，不変超関数を扱う時の王道である軌道分解からズレるので，それが面白くまた不思議な点である．軌道分解では区別できる 2 つのリー環が超関数では区別できない (不可視, invisible) という現象はしばしば起こるが，それが微分方程式レベルでも起こるという指摘は目新しい．普遍包絡環も微分作用素環も，どちらもヤコビ恒等式を満たし一階の作用素で生成されているので，一見 $D\phi(\mathfrak{h}_1) = D\phi(\mathfrak{h}_2)$ から $\mathfrak{h}_1 = \mathfrak{h}_2$ が成り立ちそうに錯覚しやすいのである．また，上のように定式化すると，$U(\mathfrak{g})$ や D は単なる非可換代数でよく，普遍包絡環や微分作用素環である必要もない．

当時の私はリー環の定義 (ヤコビ恒等式) をやっと知っている程

度であり，実形，複素化 (たとえば，不定値直交群の複素化が複素直交群となること) やカルタン部分環なども理解していなくて，「...」は闇雲に計算して出した．計算して何か結果が出ても，表現論的に意味があるかないかが自分では判断できないので，計算結果をたまに大島先生や小林先生に聞いてもらって意味を教えてもらう，そしてその場ではそのコメントに出てくる用語の意味がわからないので，それを理解するためにあとで用語を調べる，あるいは示野さんに教わる，といったことをしていた．1 年後にこれをまとめて修士論文とした．投稿論文にまとめるときに，イントロが書けず，また，当時は必要となる概念を導入するのがしっくりいかず，ずいぶん苦労した記憶がある．

軌道分解に基づく不変超関数の非存在と固有条件を使って無重複度を示す，という戦略は Gelfand-Kazhdan 原理として古くからの王道であった．Faraut, Molchanov やオランダの van Dijk のグループが階数 1 の非リーマン対称空間の Gelfand ペアになる条件を決定してからしばらく下火になっていたが，また最近，Rallis, Ginzburg やシンガポールの朱程波のグループが精力的に取り組んでいる．これらを踏まえると，

問題 1 超関数で不可視な軌道分解のうち，D-不可分で説明できるものを見つけよ．

という問題が考えられる．

D-不可分性による不変性の延長の議論は，実形の取り方によらず複素化にしかよらないことが 1 つの長所である．また，小さい群に対する軌道分解 (一般には群が小さいほど複雑になる) をする必要がないことから，多くの計算が簡略化される (場合も減るし，軌道分解や直線束の指標を決定する際に混乱が起こりづらく

なる) という副産物もある．このような non-holonomic 系もこれからはより活用されていくと考えている．

木幡の発見の第 2 点に移ろう．そもそも，その積分表示が，私が興味を持った発端であった．これに関しては現在に至るまで神秘的であり未解明である．

一般に，何かある群で不変な関数を得るには，種となるような適当な関数をその群で平均すればよい．有限群であれば群で動かして全部足して元の個数で割れば良い．たとえば $(f(x)+f(-x))/2$ は偶関数である．コンパクト群でも同じで，和の代わりに積分を使えば良い[9]．たとえば，$F(z_1, z_2, \theta) = \exp(\lambda(z_1 \cos\theta + z_2 \sin\theta))$ に対して，これを積分した

$$f(z_1, z_2) = \int_0^{2\pi} F(z_1, z_2, \theta) d\theta$$

は

$$f(z_1 \cos\varphi + z_2 \sin\varphi, -z_1 \sin\varphi + z_2 \cos\varphi) = f(z_1, z_2), \quad (3)$$

$$(\partial_1^2 + \partial_2^2)f = \lambda^2 f \qquad (4)$$

を満たす．回転不変性 (3) は平均の効果であり，固有関数であること (4) は，種となる関数の性質 $(\partial_1^2 + \partial_2^2)F = \lambda^2 F$ の反映である．

この構成方法は不定値直交群に拡張できるであろうか．すなわち，

$$f(z_1 \cosh\varphi + z_2 \sinh\varphi, z_1 \sinh\varphi + z_2 \cosh\varphi) = f(z_1, z_2), \quad (5)$$

$$(\partial_1^2 - \partial_2^2)f = \lambda^2 f \qquad (6)$$

となる関数を積分で与えたい．形式的な類似は，種となる関数を同じように $F(z_1, z_2, t) = \exp(\lambda(z_1 \cosh t + z_2 \sinh t))$ として，これを積分した

$$f(z_1, z_2) = \int_{-\infty}^{\infty} F(z_1, z_2, t) dt$$

を考えれば良いのであるがこれは収束しない．普通はここであきらめてしまう．木幡のアイデアはいったん複素に逃げる．そうすると不変性が成り立たなくなるので普通はあきらめる．しかし，その境界値 (つまり佐藤超関数の定義そのもの！) を考えればうまくいく，というものである．いかにも佐藤超関数の特筆をとらえた仕事だと思う．

そもそも，解析関数 F を自然なクラスで積分しても解析関数からはみ出すことはできないので得られる関数 f も解析関数である．現に定値直交群の場合には，式 (4) は楕円型であり，解はどのようなクラスで考えても自動的に解析的である (Weyl の原理).

一方，不定値の場合には解は原点で特異点を持つことが知られており，解析関数からはみ出る必要がある．この描像は次元が上がっても同一であることは良く知られている．すなわち，コンパクト群の上には平均に便利な測度 (全体の体積が有限なハール測度) が存在し，したがって，リーマン対称空間の球関数は固定部分群がコンパクトであるという事情からコンパクト群の上で積分するという表示を持つ．

非リーマン対称空間では解の解析性も崩れるし，全体の体積が有限なハール測度もない．したがって不変な関数を作るとき全体で平均する (積分する) という考え方は適切な修正が必要となるのである．この修正の方法はいくつも知られている．

その中でも，不変でない関数が途中に登場するという考え方は珍しくはないが，佐藤超関数の意味で境界をとって，すなわち，適当なコホモロジー類の代表として同値関係で割ることによって不変な (超) 関数を得るというのは珍しい．しかし，木幡の積分表示で与えられた超関数の不変性の証明は，技巧的かつ慎重な計算の結果として与えられていて，成立理由がはっきりしない．

問題 2 木幡の積分表示をホモロジーとコホモロジーのペアと解釈せよ．

これが自然な形でできれば，不変性は canonical な理由で成立することになる．議論が簡略化されることから双曲面以外の場合への拡張も期待できる．特に階数が高い場合へ応用されれば，有用である．

積分表示を見ると，単なる位相的サイクルではなく無限遠境界での漸近評価を課したサイクルを使ったホモロジー群が自然に必要となるように思える．対応してやはり条件付きの微分形式からなるコホモロジー群を導入して，必要となる消滅定理，次元公式を与えられれば (それぞれハードルは低くないが)，球関数の積分表示をホモロジーとコホモロジーのペアとして見られるのではないかというのが提案である．積分表示をホモロジー・コホモロジーのペアとして考えるのは珍しくなく，代数関数の周期積分や超幾何積分にひな形となる良い理論がある．ただし，多くは解析関数のクラスを扱う理論である．球関数よりは狭い範囲であるが，大域指標には Rossmann の指標公式があり，これが参考になるのではないかと考えている．

数学から閑話に戻ろう．修士の 2 年生の頃，Heckman-Opdam

の4連作[10]が出てこれをセミナーで紹介した．ただ，当時は群論，表現論の言葉や常識をよく知らず，微分方程式系の理論として追える部分をなぞったに過ぎず，問題の背景や重要性などはわかっていなかった．たとえば，関口次郎の修士論文の存在を知らないで読んでいた．また，可換な微分作用素が十分たくさんあることの証明が，この論文の時点ではかなり迂遠で非構成的にとどまっていたため，わかりやすくなかった．ほどなく，Dunkl-Cherednik流の微分差分作用素を用いる構成が登場し，この辺の苦労はすっかり書き換えられて陳腐化することになる．Heckman-Opdamの超幾何に関しては，数年後に大島プログラム[11]が始まって，その関連で仕事をするまでは触れることがなかった．

　修論を提出したころ，3月にGelfandが来日した．このとき京都に話を聴きに行ったことをよく覚えている．Gelfandはその時にいろんな話をしていったのだが，印象に残ったのは多変数の超幾何関数・超幾何微分方程式の話だった．Gelfandはいわゆるグラスマン多様体の超幾何関数とトーリック多様体の超幾何関数[12]の両方を話して行ったようなのだが，私には前者の記憶しかない．ともかくこれは大変魅力的だった．Gelfandの来日に際して予備知識を何も持たずに行ったので，そういう研究があるということを知らなかった．『Generalized Functions I-V』の著者という認識だったのである．しかも，これらの超幾何が関数解析，群の表現論に直結しているという認識もなかった．単に特殊微分方程式の一例として面白かったのである．同じ年の冬，この超幾何微分方程式系が正則ホロノミー系であることを堀田良之先生が講演され，その話を聴き，読む機会を得た．それは「いったい特殊関数の一般論なんてあるんだろうか？」という鮮烈な印象を与えるフレーズから始まっている[13]．ワン・フレーズ・マス[14]と言うことが

適切かどうかわからないが，混沌とした状況をひとことでぴたりと言葉にする，言葉にすることで，前だけでなく上に進める，という考え方，文章のあり方に自然と引きつけられた．そして，本論に入ると若干の一般論のあとに，さりげなく，

$$\boxed{\text{例 1：概均質，例 2：超幾何，例 3：指標}} \qquad (7)$$

と書いてある．そう，ここには既に，この 3 つが同じだ，と明記してあると読める．この考え方にはのちのちまで大きく影響されている．当時，私は立教大学に在籍していたので，概均質ベクトル空間に触れる機会はあった．したがって，3 つのうち私が最後に出会った[15]のが，指標ということになる．自然に堀田・柏原の Harish-Chandra 系の仕事 (大域指標の満たす微分方程式の研究)，そして柏原の指標に関する種々の予想[16]に引き込まれるようになり，些細な結果を 1 つ得て学位論文とした．

ここまでにいろいろな設定が登場して来たので整理してみよう．まず，次のような空間や関数や微分方程式系のクラスが登場してきている．

(r) コンパクトリーマン対称空間上の球関数

(n) 非コンパクトリーマン対称空間[17]上の球関数

(s) 非リーマン (半単純) 対称空間[18]上の球 (超) 関数

(c) 大域指標：群上の超関数：Harish-Chandra 系を満たす

(g) グラスマン超幾何

(t) トーリック超幾何

(h) Heckman-Opdam の超幾何

(p) 概均質ベクトル空間の相対不変式の複素冪

これらの間には次のような関係がある．まず，球関数に関係する最初の 4 つ (r), (n), (s), (c) について説明する．クラス (s) は (r),(n),(c) を統合するものである．特に群 (c) は対称空間 (s) の一種であり，そう考えているとき**群多様体**という．

　(r), (n), (s) は異なるクラスであるが，複素化したものは同じである．たとえば，実 3 次元空間の中で，3 つの図形

(r) $x^2 + y^2 + z^2 = 1$, 球
(n) $x^2 - y^2 - z^2 = 1$, 二葉双曲面
(s) $x^2 + y^2 - z^2 = 1$, 一葉双曲面

は互いに異なるが，複素化は (式をみて明白なように) 同一である． 空間 の上には上部構造として 微分方程式 が乗っている．そしてその解が (超) 関数 である，という **3 層構造**を成している．

　上に見るように空間の形状は実形によってさまざまであるが，微分方程式系は複素化にしかよらない．したがって，複素化が同じであれば微分方程式系の性質は同じである．たとえば，(r), (n), (s) がそれにあたる．一方，解 (関数) は実形の取り方に大きく依存する．通常は解析関数を扱うのは (r), (n), (g), (t) であり，解析関数のクラスを積極的にはみ出して超関数を使うのが自然なのは (c), (s), (p) である．木幡の設定は (s) であり超関数を扱うのが自然である．

　(c) と (n) では状況が違うのだが，それぞれの事情 ((c) は空間の構造がきれい，(n) は解が解析関数) によって問題が解けることがある．それらのクラスで解決済みの問題をことごとく (s) へ拡張しようというのが，私が修士課程を過ごした場の雰囲気であり，「それは対称対のときはどうなってるの？」という質問は関口さんの常套の 1 つだった．(c), (n) では生じなかった現象が (s)

で初めて起きることもあり,この点も興味深いのである.

一方 (g), (t), (h) はともに (ガウスの) 超幾何関数,超幾何微分方程式の拡張である.まず (g) と (t) の関係を述べよう.Gelfand は超幾何関数を始めた最初 (1980 年代) から「多変数超幾何関数を研究するには,すべてのストラタ (strata) に付随するものを全体として研究しなければならない」と明確に主張している.この主張は当たり前でない.

この視点により,(g) の境界ストラタにあるものを書き,さらにそれを一般化したものが (t) である.したがって (t) は (g) よりも広いクラスであり,(t) の方が一般性があり,(g) の方が特殊関数的な色彩がより強い.(g) には吉田正章,原岡喜重,木村弘信[19] といった和文の書籍がいくつかあるが,(t) には和文はなく,英文の[20] が参考になろう.境界ストラタに制限して得られる微分方程式系を決定する問題は,最近でも進んでおり (つまり自明ではなく,やるべきことがまだまだあるということ),たとえば Appell F_C を 2 次の特異ストラタに制限したものが Dotsenko-Fateev 系になるという加藤満夫の結果も比較的新しい.(h) を境界ストラタに制限した常微分方程式は近年,示野によって,初めて例が与えられ,それを発展させて大島・示野は非剛的 (つまり超幾何的でない) 常微分方程式も得ている.

古い結果に戻ると,(g), (h) は共に超幾何の一般化とよばれているが,現時点では両者は別方向への一般化と考えられる.たとえば,(g) の解はその由来から自然な積分表示を持つが,

問題 3 (h) の積分表示はあるか?

というのは基本的な未解明の問題である.無理そうというのが第 1 印象なのだが,(h) を取り巻く最近の状況の劇的な変化を見る

と，断定的なことは言い難い．積分表示の典型例はガウスの超幾何関数の積分表示,

$$_2F_1(a,b,c;z) = \frac{\Gamma(c)}{\Gamma(a)\Gamma(c-a)}\int_0^1 t^{a-1}(1-t)^{c-a-1}(1-zt)^{-b}dt \quad (8)$$

である．被積分関数が冪関数の積という<u>簡単な</u>関数だったのに，積分で得られる関数はより複雑な関数であるという点がポイントである．つまり積分操作によって，関数の複雑さが増すと考えられるし，逆に，積分操作を使えば複雑さの高い関数でも低い関数から作れるとも考えられる．

一般超幾何 (h) は球関数 (n) の微分方程式系の離散パラメータを連続パラメータに補間したものであり，その最初の突破口は A_2 型の場合の関口次郎の修士論文 (名古屋大学, cf. [21]) で与えられた．より正確には，カルタン分解による変数分離，すなわち，魚で言えば，3 枚におろして骨だけにして，そのあと骨の部分を適当によじ曲げたものである．このよじ曲がった骨に身をつけて魚に戻すことはできない．

対称空間上の関数と一般旗多様体 (グラスマンの親戚) 上の関数を結びつける有名な関係が Helgason 予想であり，この予想は 1970 年代に柏原，岡本，大島を含む 6 人の日本人数学者によって解決された．

Helgason 予想をむりやり上の設定にこじつけると (n) と (g) の関係と思える．(n) から (g) が特異境界への制限，(g) から (n) がポアソン積分 (平均操作) である．平均操作では魚[22]の身の部分 (極大コンパクト部分群 K) を使うのだが，身の部分はよじ曲げた骨にはつかないので，この方法では (g) から (h) への積分操

それからどうなった？(落合啓之)　59

作 ((h) の積分表示) はできないのである．すなわち (g) と (n) との関係は，もしあるとしてもポアソン変換ほどユニバーサルな関係ではないであろうという観察が問題 3 の背景にある．

Helgason 予想に関連する事実を述べておくと，一般旗多様体側 (g) に微分方程式を課したとき，Poisson 変換で (n) へどのように遺伝するかは大島・織田寛の組織的な研究がある．また，Helgason 予想の設定では表現論としては無限次元表現を扱うことになるので，微分方程式系は holonomic ではないが，谷崎俊之や大島はこれらの Radon-Poisson 変換の設定で微分方程式をさらに追加して holonomic にするにはどうしたら良いかという視点で超幾何を拡張している．これらの議論はいわば方程式論であり，ガウスの超幾何でいえば (8) まで詳しい議論ではなく，

$$_2F_1(a,b,c;z) = \int t^{a-1}(1-t)^{c-a-1}(1-zt)^{-b}dt \qquad (9)$$

のレベルまで解析しようとしていることにあたる．標語的に言えば，

$$\boxed{関数：方程式＝定積分：不定積分} \qquad (10)$$

であり，この標語の比の値が積分区間 (= サイクル $[0,1]$) と定数の研究にあたる．問題 2 はこの比の値の部分に関する問いである．

方程式論レベルでもう 1 つ

問題 4 球関数の微分方程式系が regular holonomic であることを積分表示と結びつけて理解せよ．

を問題に挙げておきたい．

群多様体の場合 (c) は，球関数は大域指標となり，大域指標の

微分方程式は Harish-Chandra 系とよばれている．長く広い方面からの研究があるが，その D-加群 (= 微分方程式系) は堀田・柏原によって解析され，特に積分表示が得られている．

この場合，一般ファイバーはワイル群でパラメータ付けできる有限集合であり，積分は 0 次元の足し上げ，すなわち (ワイル群にわたる有限) 和になる．指標公式の分子が指数関数の有限線形結合になるのはそれが理由である．すなわち，大域指標 (c) の場合は積分操作では関数の複雑さは増えず，指数関数にとどまっている．したがって，線形結合の係数に現れる数が研究の対象であり，柏原の大域指標に関する予想は，この係数を位相的なサイクルで表わすものであった．

この微分方程式系が一般の場合 (s) でも regular holonomic であることは長らく信じられていたが，私が学生の頃はまだ決着がついておらず，2003 年に Yves Laurent によって肯定的に解決されている．その証明はジョルダン分解と半単純元の中心化部分を用いる帰納的なものである．この場合の関数は指数関数よりも難しい関数 (たとえば超幾何関数のような特殊関数) が現れる．一方，それを認めた上で，係数に当たるものはやはりサイクルのような量でとらえられるのではないかと考えると，上の問いは 1 つの大域指標の場合を拡張する 1 つのステップととらえられる．

特殊関数と表現論のからみについては以前数学セミナーに書いた文章[23]を参照して欲しいが，ここでひと言で述べれば，三角関数の加法定理，すなわち

$$R_\theta = \begin{bmatrix} \cos\theta & -\sin\theta \\ \sin\theta & \cos\theta \end{bmatrix} \text{ とすると } R_\alpha R_\beta = R_{\alpha+\beta}$$

がひな形である．

繰り返しになるが，観察 (7) は，(c), (t), (p) に関するものである．慧眼と言わざるを得ない．

半単純リー群の表現に関して柏原の立てたプログラム[16] の多くは柏原本人や Schmid, Vilonen [24] によって，長い時間をかけて包括的に解決された．大域指標に関しての予想の解決の鍵は「群多様体の場合 (c) には松木対応の超局所化が関口対応になる」である．この事実には層の超局所化と特性多様体，特性サイクルの一般的な研究が大きく活かされていると同時に，リーマン対称空間の構造に深く依存している．では，「対称対のとき (s) はどうなるの？」つまり，

問題 5 松木対応の超局所化が関口対応であることを示せ．

松木対応も関口対応も対称対の設定で考えるのが自然であり，群あるいはリーマン対称空間はその一部の設定に過ぎない．これは柏原の問題が解けたあともずっと私の頭を悩ましている問題である．問題は明確であり，例の計算もできなくはないのだが，誰もこの道筋から成功していない．残念なことである．

以上，個人的な経験の範囲から，代数解析的な手法で半単純リー群の無限次元表現論へアプローチする 1 つの見え方を書き綴って来た．重要な盛り込まれるべき話題であえて触れていないもの[25] はもちろんあるが，焦点を絞るためにあえてしたことである．この文章のように書くと私が秩序正しく系統的に問題を考えて来たようにみえるかもしれないが，考えている当時はこのような組織的な理解からは程遠く，やってきたことの相互の関係や未解決問題の位置づけも見えていなかった．いま，このような文章を書いて振り返ってみて，関連があったのだなあと改めて気づ

いた次第である．実際にはたとえば，志摩観光ホテルで 7107 円のカレーを食べたり[26]，佐竹郁夫氏に手紙を書いたり[27]とさらに研究遍歴は紆余曲折していた．そうであったとしても，三つ子の魂百まで，とはよく言ったものだなあと感じている．

注

1) 柏原正樹，河合隆裕，木村達雄著，紀伊國屋書店．

2) 当時は指導教官と呼んだっけ．

3) 日米数学研究所，ジョンズホプキンス大学．

4) A. Kowata, Spherical hyperfunctions on the tangent space of symmetric spaces. Hiroshima Math. J. **21** (1991), 401–418; ならびに A. Kowata, On the construction of spherical hyperfunctions on $\mathbb{R}^{p+q}$. Hiroshima Math. J. **21** (1991), 301–334.

5) 自然表現とその双対表現の直和．

6) $GL(n,\mathbb{R})$ や $SO(n,n)$ が連結でないので，細かくは補足が必要．微分方程式 ($\simeq$ リー環) と対応するのはリー群の連結成分．

7) $\mathfrak{h}$ 不変超関数の全体 $\mathcal{B}^{\mathfrak{h}}$ は普遍包絡環や微分作用素環から見ると $\mathcal{B}^{\mathfrak{h}} = \mathrm{Hom}_{U(\mathfrak{g})}(U(\mathfrak{g})\mathfrak{h}, \mathcal{B}) = \mathrm{Hom}_D(D/D\phi(\mathfrak{h}), \mathcal{B})$ と記述されるため．

8) H. Ochiai, Invariant functions on the tangent space of a rank one semisimple symmetric space. J. Fac. Sci. Univ. Tokyo Sect. IA Math. **39** (1992), 17–31.

9) 確率論の講義の最初で習うように積分は平均なのである．

10) Root systems and hypergeometric functions. I–IV. Compositio Math. **64** (1987), 329–352, 353–373, **67** (1988), 21–49, 191–209. 著者は I が G. J.Heckman-E. M. Opdam, II が Heckman, III-IV が Opdam.

11) Heckmann-Opdam の微分作用素系の持つ性質を逆手にとって，その性質を満たすような系を分類しようという問題提起．

12) 後者は通常，A-超幾何とよばれるが，定義を知らない人にとって "A" が状況をあまり良く表わしていないので，あまり良い名称ではないと思う．ついでながら，A は toric データ (トーラスの作用を表わす指標の族) を表わす整数行列のことである．

13) 『現代の母函数』日比孝之，若山正人編．

14) ワン・フレーズ・ポリティクスを踏んでいる，ただし良い意味で．

15) これは数学理論のできた歴史の順序とは異なる．

16) "Open problems in group representation theory" という小冊子に採録されている．私の印象では Advanced Studies in Pure Mathematics の初期の巻には付属問題集 Open problems in ... が刊行されていたように思う．しかし，ASPM の付録ということではないため，ASPM を購入しても自動的にはついてこないし，図書室でも ASPM と合本製本はしていないようである．どこかで電子化などされているのだろうか？ アメリカ数学会の Math. Sci. には収録されていないように思うし．

17) リーマン対称空間であってコンパクトでないもの．

18) 対称空間であってリーマン対称空間ではないもの，ということ．非はリーマンにかかる．

19) 吉田正章『私説 超幾何関数—対称領域による点配置空間の一意化』，共立講座 21 世紀の数学；原岡喜重『超幾何関数』，すうがくの風景 **7**, 朝倉書店；木村弘信『超幾何関数入門～ 特殊関数への統一的視点からのアプローチ ～』，SGC ライブラリ **55**, サイエンス社．

20) M. Saito, B. Sturmfels and N. Takayama, Gröbner deformations of hypergeometric differential equations. Algorithms and Computation in Mathematics, **6**. Springer-Verlag, Berlin, 2000.

21) J. Sekiguchi, Zonal spherical functions on some symmetric spaces. Publ. Res. Inst. Math. Sci. **12** (1976/77), supplement, 455–459.

22) ポアソン=Poisson の和訳は魚．

23) 『数学セミナー』2007 年 3 月号．

24) 一部ずつ文献を挙げておくと M. Kashiwara, Equivariant derived category and representation of real semisimple Lie groups. Representation theory and complex analysis, 137–234, Lecture Notes in Math., **1931**, Springer, Berlin, 2008; W. Schmid and K.Vilonen, Two geometric character formulas for reductive Lie groups. J. Amer. Math. Soc. **11** (1998), 799–867.

25) Kazhdan-Lusztig (=Vogan) 予想, Hecke 環, etc.

26) 「幾何学的 Langlands program とその周辺」無限可積分系レクチャーノート No. 13.

27) K. Saito, Duality for regular systems of weights, Topological field theory, primitive forms and related topics. Progress in Mathematics, **160** (1998) Section 11.

結び目理論外見重視派

川村友美

1 はじめに

　結び目を研究していると言うと，数学に明るくない方の多くは不思議そうな表情をされる．おそらく365日24時間ひもを結んだり解いたりしている姿を想像されるのであろう．それを嫌がる同業者も多いと思うが，個人的にはその反応は大歓迎である．そのような誤解がきっかけで研究に興味を持って頂けるなら大変嬉しい．

　私が結び目理論に興味をもち研究するようになったきっかけも似たようなものである．まず大学で様々な講義を聴いて，トポロジーについてよく言われている「柔らかさ」が自分の性格に合っていると感じた．たまたま大学の図書室で手に取ったトポロジーの本で，ほんの少しだけ結び目理論が図入りで紹介されているのを見て，直観的に「面白そうだな」と軽く思った．それまでは結び目を研究対象とする数学が存在することも知らなかったのだが，なぜか驚いた記憶は薄い．もしかしたら出会うべくして出会ったからだろうか．当時の私は幾何学系の科目が決して得意ではな

かったことも忘れ，結び目理論が次第に気になり始め，もっと知りたくなったのだ．もちろん，手許にあった手芸用ロープまで持ち出したのは言うまでもない．大学院に進んでから結び目理論の勉強を始めて，数学全体をながめる余裕もないのに，かといって何かが驚異的に優れているわけでもないのに，いつのまにか運よく長い研究生活を送っている．

このような私が研究してきたことを振り返って書いてみよう．ただし，結び目理論や低次元トポロジーの全体像について語ることはできず，それらのうちのほんの破片程度の内容しか紹介できないことをお断りしておく．また，お世話になった多くの方のうちの一部の方のみ御名前を出させていただくこと，敬称は省略させていただくことを御容赦願いたい．

2　Quasipositive link との出会い

本稿では，結び目 (knot) とは実 3 次球面内の自己交差のないコンパクトな閉曲線，絡み目 (link) とは互いに交わらない結び目の和集合のこととする．結び目を絡み目の特殊な場合と考える．3次球面ではなく 3 次元ユークリッド空間で考えることもあり，その方が馴染みやすい面もあるが，その「1 点コンパクト化」である球面の方が無駄な広がりを意識せずに済むので，球面を扱う方が多い．ただし図を描いて直観的に考える分には両者の違いはあまりないので，今述べた文章が理解できない，もしくは生理的に受け付けないという読者の方は，紐を適度な長さに切ってぐちゃぐちゃにした後に両端を閉じ合せたものを扱っていると思って以下を読んでいただいてもかまわない．実際，3 次球面内の絡み目を図示するときも，3 次元空間内のものとして平面に射影したも

のを考えるのが習慣として定着している．この図は結び目や絡み目の射影図とよばれる．また，伸縮や平行移動，あやとりのような変形で写り合う絡み目どうしは同じ型の絡み目であるとみなしている．

私の研究では，quasipositive link という特殊な性質をもつ絡み目を扱うことが多い．この絡み目との出会いは修士論文をなんとか書き上げた頃である．

修士論文では，結び目解消数，すなわち，交差の上下を何回交換すれば絡み目がほどけるかという絡み目不変量を，サイバーグ‐ウィッテン理論で得られた結果の1つ「adjunction formula の一般化」を用いて評価した．このサイバーグ‐ウィッテン理論は，私が大学院修士課程の学生だった当時，ゲージ理論とともに「猫も杓子も」と言わんばかりに大流行していた．関連する研究集会が年に何度も開かれ，少し経って教科書も出版され始めた頃だった．

その話題性はとても高く，トポロジーの知識が乏しいまま大学院生になってしまったような私は，そんな壮大な理論が事実上の必修科目なのかと唖然としてしまったほどだった．そんな中サイバーグ‐ウィッテン理論を結び目理論に応用する研究に取り組んだのは，指導教官の河野俊丈にすすめられたのがきっかけであった．そして，Dave Auckly による (2,5) 型トーラス結び目 (現在の日本数学会のマークにもなっている) についての計算の応用を考えた．さらに河内明夫のアドバイスも受けて，Dale Rolfsen の一覧表では 10_{139} と 10_{152} と番号づけられている2つの結び目について，結び目解消数を新たに決定した．

同じ頃に，当時大学院生だった田中利史が別の方法でいくつかの結び目について結び目解消数を決定していたことを知った．幸いなことに多少の面識があったので，人見知りすることなく論文

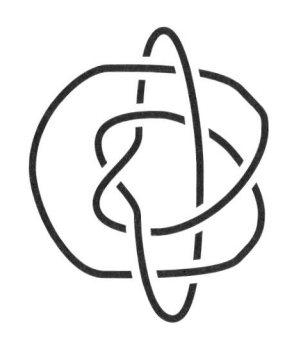

図 1　左：結び目 10_{139}　　右：結び目 10_{152}

請求のメールを送った．その論文が quasipositive link との出会いをもたらしたと思う．田中の結果は，Lee Rudolph が示した「スライスベネカン不等式」というものを用いて，結び目解消数に等しいかより小さい値となることで知られる 4 次種数という結び目不変量を評価したものである．これを読んで，私の修士論文での研究も本質的には 4 次種数の評価であることをようやく自覚したのだ．また，自分が取り組んでいたものも「外見 (射影図から得られる情報) から結び目不変量を評価」しているつもりだったが，その色合いが田中の方がはるかに濃いという印象を受けた．

　ここで Rudolph のこの結果と背景について述べる．

　スライスベネカン不等式が示されるずっと以前から，結び目や絡み目を 4 次元空間または 4 次元多様体内での曲面と 3 次球面との交差として扱う研究は行われていた．代数曲線の特異点についての 1960 年代の John Milnor の研究でも，特異点の分類の手段の一つとして代数曲線と特異点中心の十分小さな球面との交差を考えている．特にトーラス結び目という 3 次球面内に自明にうめ

こまれた 2 次元トーラス (浮輪) に巻きついた形の結び目に対し，その結び目解消数の値を予想している．この予想は 1990 年代初めにようやく，Peter Kronheimer と Tomasz Mrowka がゲージ理論を用いて「トム予想」とよばれていた問題を解いたことで証明された．なお，上で出てきた adjunction formula の一般化も，トム予想の関連事項となっている．

このように，結び目解消数は，定義は大まかに上で述べたようにやさしいのだが，トーラス結び目というある規則性をもったものについてすら決定されない時期が長かったほど，一般に求めるのは困難なものである．射影図のみによる公式の有無については大きな未解決問題である．

スライスベネカン不等式に先立って Rudolph は 1980 年代に，代数曲線と 3 次単位球面 (原点中心半径 1 の球面) の交差で与えられる絡み目の視覚的な特徴を探っていた．そこで導入されたのが quasipositive link の概念である．すべての絡み目が組みひも表示で表せることが知られているが，quasipositive link は組みひも表示として標準の生成元の共役の積で表せるというのが定義である．Rudolph は 1980 年代に，どの quasipositive link もある代数曲線と単位球面との交差として得られることを証明した．その逆も成り立つことは Michel Boileau と Stepan Orevkov が 2001 年に発表した論文で証明した．代数曲線に quasipositive link が載っている状態は Kronheimer と Mrowka の結果を適用でき，それによりスライスベネカン不等式が証明されたのである．この不等式は，quasipositive link については等号が成立することも同時に示されている．

田中は，4 次種数や結び目解消数が未解決だった素な結び目のいくつかが quasipositive link であることを示し，スライスベネ

カン不等式によってこれらの不変量を決定させたのだ．

3 スライスベネカン不等式

スライスベネカン不等式についてもう少し述べる．

その前にもともとのベネカン不等式がどのようなものか振り返る．どんな絡み目も 3 次球面内で，向きづけ可能でコンパクトな曲面を張ることが知られている．ここで曲面は連結でなくてもよいとする．例えば自明な絡み目は複数枚の円板を張ることが可能である．この曲面のオイラー数を求める．オイラー数は曲面を多面体近似して (頂点の数)−(辺の数)+(面の数) で求められ，その値は近似の仕方に依らないことが知られている．ところで与えられた絡み目が張る曲面は一通りではない．したがって曲面の取り方でオイラー数は変化する．その中で最大の値が，絡み目のオイラー数とよばれる不変量である．また，曲面の各連結成分は，球面か「(多人数用の) 浮輪」に穴をいくつかあけたものとして表されるが，この浮輪の定員の合計の最小値を，絡み目の種数とよんでいる．

以下では絡み目には向きが与えられているとし，絡み目の射影図にもその向きが描かれているものとする．交差 はそれぞれ正の交差，負の交差とよばれる．これらをすべて にすると互いに交わらない自明な閉曲線の和となる．この各閉曲線はザイフェルト円周とよばれる．

Daniel Bennequin は 1983 年の論文で，3 次元空間に接触構造という幾何構造を導入することにより，結果として絡み目のオイラー数を，次のように射影図の情報を用いて上から評価した．すなわち，絡み目のオイラー数を χ，絡み目の射影図をひとつ固定

し，正の交差数から負の交差数を引いた値を w，ザイフェルト円周の個数を S で表すと，$\chi \leq S - w$ が成立する．これはベネカン不等式として知られている不等式の一つの表し方である．正確には Bennequin は組みひもを閉じて得られる射影図について示したのだが，山田修司の 1987 年の論文でも示されているように，どんな射影図に対しても，同じ絡み目を表す閉じた組みひもの射影図で w や S の値が同じものが存在することが知られているので，ここではすべての絡み目射影図についての不等式としてベネカン不等式を扱う．

なお，Bennequin のこの仕事は，接触幾何の起源としてよく知られている．接触幾何については，三松佳彦，本田公など多くの日本人が研究し成果を挙げている．Rudolph も結び目理論と関連して研究を行っている．結び目理論と接触幾何を合わせた研究に関しては，日本では田中や鳥巣伊知郎らが詳しいと認識している．

話を絡み目不変量評価式に戻す．Rudolph が示したスライスベネカン不等式は，ベネカン不等式を 4 次元トポロジーから考察し，オイラー数の代わりにスライスオイラー数という不変量を同じように評価したものである．特に quasipositive link に対しては等号が成立することも彼は示している．

ここでスライスオイラー数とは次のようなものである．まず 3 次球面を 4 次球の境界として扱う．3 次球面内の絡み目が 4 次球内に張る向き付け可能な曲面を考える．そのような曲面の簡単な構成法は，3 次球面内に張った曲面を 4 次球内に少し押し込むだけである．もちろんこの方法では得られない曲面を張ることも多い．この場合も曲面は連結でなくても構わない．こうして得られた曲面のオイラー数の最大値を絡み目のスライスオイラー数とよぶ．この不変量は Rudolph が導入した概念である．絡み目の 4

次種数も「浮輪の定員」の最小値として定義されている．

この quasipositive link についてのスライスオイラー数の公式を適用することで田中は，ある条件をみたす 2 橋結び目とよばれる結び目および 10 交点以下の素な結び目 (10_{145}, 10_{154}, 10_{161}) の 4 次種数を決定させ，同時にこれらの結び目解消数も求めた．具体的には各結び目が quasipositive であることを図示して説明している．

田中の研究を通じて Rudolph の研究を追うようになってしばらく経った頃，当時大学院生であった中村拓司が，交差がすべて正であるような射影図をもつ結び目がすべて quasipositive であることを，上でも触れた山田の組みひも表示への変形のアルゴリズムを使って証明した．中村の結果が公表されたほぼ同時期に Rudolph は，この結果が絡み目についても成立することを示した．さらにスライスベネカン不等式を，ザイフェルト円周の個数を数えるだけだった部分をある種の符号をつけて数え上げたものに書き換えて，スライスオイラー数の評価式としての精度を高めた．

同じ頃，村上斉と安原晃によって，4 次元クラスプ数という結び目不変量についての研究がされていた．この不変量の値は 4 次種数以上かつ結び目解消数以下であることがすでに渋谷哲夫によって示されていた．村上と安原は，8_{16} という結び目が 4 次種数と 4 次元クラスプ数が一致しない例であることを発見し，同時に 8_{16} の結び目解消数を決定した．

その話を比較的早い時期に聴く機会に恵まれた私は，自分の結果と Rudolph の研究およびそれが基になった研究結果，さらにこの 4 次元クラスプ数の話題を合わせて何か面白いアイデアが出てこないかを考えていた．そして，絡み目については，結び目解消数とスライスオイラー数の関係について正確に記述しているも

のが見当たらないことに気づいた．そこでまずそれを正確にまとめることにした．すなわち，成分数 r の絡み目について，その結び目解消数 u, 4 次元クラスプ数 c_s，およびスライスオイラー数 χ_s の間には，

$$u \geq c_s \geq (r - \chi_s)/2$$

という不等式が成立していることを明記した．ここで絡み目の 4 次元クラスプ数とは，絡み目に 4 次元球内で曲面を張らせる代わりに，r 枚の円板を二重点のみ許しながら張らせ，その二重点の個数の最小値によって定義した絡み目不変量である．じつは渋谷も類似した不変量を構成していたが，彼の定義では円板ではなく穴が r 個あいている球面を張らせている．正直なところ，渋谷の定義を私は誤って認識していたのであるが，結び目解消数をより精密に評価するという点では，結果としては円板の方が都合が良かった．

そして，この不変量の関係式と Rudolph によるスライスベネカン不等式の改良の結果を (彼の証明を一部修整しながら) 合わせ，絡み目についての結び目解消数と 4 次元クラスプ数の評価式を与えた．これにより，交差が正のみの組みひもで表される絡み目についてその結び目解消数が決定された．

また上の不等式は，修士論文での議論の拡張を成功させた．私にとってもっとも重要であったのは，4 次元トーラスに埋め込む曲面を無理に一つに繋げなくてよい，という点であった．おかげで，Hopf 絡み目とよばれる絡み目の各成分を平行な複数の成分に替えた絡み目についての不変量を公式の形で決定させることができた．

この話を大学院での定期的なセミナーで説明したところ，私は

ほとんど意識していなかった点を指導教官の河野より指摘された．おかげで「adjunction formula の一般化で考える曲面は球面ではいけない」ことがこの結果の系として得られることがわかった．視点が変わるだけで同じ議論から違う方向へと発展することに驚いたのだが，宣伝不足のため，この系はあまり普及しなかったのが心残りである．

こうして修士論文を書いた後しばらく続いた低迷期を脱して，無事に博士論文も書くことができ，私の研究の大枠での方向性もほぼ決まってきたのであった．

4　ラスムッセン不変量出現まで

不変量評価式を得たとしても，不変量の値そのものまでは決定できない場合が多い．スライスベネカン不等式の改良版およびそれから得られた他の不変量評価式も例外ではない．そこで次の課題として，その差が幾何学的に何を意味するかを検証することにした．

そこで quasipositive link そのものの性質をもっと調べたいと思った．ちょうどその頃，特異点論の研究者として有名な Norbelt A'Campo が河野の招きで長期間日本に滞在していた．彼は代数曲線の特異点を平面曲線に対応させて分類する仕事で有名であった．言い換えると，特異点中心の小さな球面と代数曲線の交差として得られる代数絡み目に対し，平面曲線を対応させたのである．彼は来日の少し前に，これとは逆に，平面曲線で表される絡み目を代数絡み目の拡張類として構成した．この絡み目はディバイド絡み目とよばれていた．

来日中に A'Campo はディバイド絡み目に関する講義をおこ

なった．また，(私の) 同期生の石川昌治と後輩の William Gibson は，A'Campo の仕事を追うように特異点の研究をしていた．その影響をうけ，quasipositive link の研究としてディバイド絡み目を扱ったら面白いのではと私は考えた．

まずディバイド絡み目が quasipositive link であることを具体的に図を描くことで示した．この作業には，先立って平澤美可三が構成したディバイド絡み目視覚化アルゴリズムが役立った．この結果を公表した同じ頃，先に述べたように Boileau と Orevkov が，代数曲線と単位球面の交差が quasiposive であることを抽象的な解析の議論を用いて証明していた．ただそれは，具体的な対応を与えるアルゴリズムというわけではなかった．そこで，ディバイド絡み目の研究によってもっと具体的な対応を与える証明の仕方が見つかるのではないか，と考えていた．今思えば無謀な期待を抱いて，ディバイド絡み目の拡張類を構成したり，性質を細かく観察したりと，ディバイド絡み目と quasipositive link の幾何学的な相違点の考察に，しばらくの間没頭していた．

私には悪い癖があり，何かに深入りすると視野が狭くなる傾向がある．このときもそうだった．そして低次元トポロジーで革命的な理論が登場していたことに長い間気づかないでいたのだった．それが，Peter Ozsváth と Zoltán Szabó が導入したヘーガードフレアーホモロジーや結び目フレアーホモロジーである．これまでゲージ理論やサイバーグ - ウィッテン理論によって示されてきたことについて，この新しい概念によってより幾何学的な別証明が与えられたのだ．すなわち彼らは，結び目フレアーホモロジーを基に新しい結び目不変量を構成し，それが 4 次種数の下界を与えることを示したのだ．さらに Charles Livingston は，スライスベネカン不等式が本質的にはこの不変量の評価式になっている

ことを発表した．その頃になって，ようやく私はこの理論の存在自体に気づいたという御粗末な話である．この理論について日本では，合田洋，松田浩，森藤孝之らが活躍し研究成果を発表している．正直に告白すると，私は乗り遅れたという思いが強すぎ，この理論は彼らに任せてしまおうと，追いかけることすら諦めてしまった．その代償は大きく，今も追いつけていない．

それからしばらくすると，コバノフホモロジーなるものが登場した．国内では村上や田中らが中心になって研究を始めたという風の便りもあったが，初めてコバノフホモロジーに関する話を聞いた時の私は，ジョーンズ多項式やカウフマンブラケットの話を膨らませたのかな，と感じた以外はそれほど琴線に触れなかった．

ところがやがて，コバノフホモロジーを基に Jacob Rasmussen が結び目不変量を構成し，これも結び目の 4 次種数の下界となっていた．のちにラスムッセン不変量とよばれるものである．そして Olga Plamenevskaya や Alexander Shumakovitch が，この不変量についてもベネカン不等式型の評価式が成立することを示した．多くの人が指摘していたことは，コバノフホモロジー理論はゲージ理論やサイバーグ‐ウィッテン理論で得られてきた結果を，フレアーホモロジー理論よりも解析的議論に頼らない組み合わせ的手法で証明しなおせる，というものであった．そういった背景と今度こそ乗り遅れまいという気持ちから，早速ラスムッセン不変量を研究対象に取り入れることにした．ザイフェルト円周に符号をつけることに共通性を感じて，スライスベネカン不等式の改良版に現れる式がラスムッセン不変量を決定するのでは，とこっそり期待したのも動機である．

運よく田中心ら当時の大学院生数人が Rasmussen の仕事についての勉強会を催していたので，参加させてもらった．彼らは優

秀であり，とくに田中心は曲面結び目の不変量としてのコバノフホモロジーについて新しい結果を得ていたくらいであったため，こちらが教わるばかりになってしまったが，短期間で Rasmussen の研究成果の概要を知ることができ，おかげでスライスベネカン不等式の Rudolph による改良版が本質的にはラスムッセン不変量の評価式であるという新結果を得るに到った．また，Ozsváth と Szabó の結び目不変量についても同様の議論によって，改良版スライスベネカン不等式型の評価式が成立することもわかり，悔しかった気持ちを少しだけ晴らすことができた．

5 現在，そしてこれから

ラスムッセン不変量は現在では絡み目不変量として定義が拡張されている．私が把握していないだけで複数種類あるかもしれないが，Anna Beliakova と Stephan Wehrli による定義が，私が先の結果をまとめた頃にプレプリントで公表された．現在，私はこの絡み目不変量の評価を中心に研究している．その結果，はじめにこっそり期待していたことは残念なことにはずれたが，スライスベネカン不等式はさらに進化した形にできることがわかった．まとめる作業が滞っているが，近く公表するつもりである．

それでもまだその幾何学的な意味は私の中では未解決問題として残っている．未知の幾何学構造を内在しているのか否か，未知の不変量が不等式の間に割り込んでくるのか否か，調べたいが具体的な形にすらなっていない問題が多く潜んでいる気がしてならない．その解明にはやはり quasipositive link が大きな手掛かりを握っていると思うのだが，突破口が見つからなくてお手上げ状態である．

そうしているうちにコバノフホモロジーも大きく発展していき，また乗り遅れてしまったようだ．ただし以前のように追うことを諦めたわけではない．その発展のうちの微振動程度は関わっていると自負 (思い込み？) しているからというのもある．私が得た小さな成果を材料の一つとして，誰かが興味深い研究を現在または将来にしてくれたらと，淡い希望をまだ持てているからだろう．付け加えておくが，もちろん私自身結果を出しただけで満足するわけではない．多くの研究者の大小の結果の積み重ねで数学は発展し続けている過程で，もっとそれに関わり続けていたいのである．

こうして自分の研究を振り返ってみると，初めはサイバーグ-ウィッテン理論の結び目理論への応用というその響きだけは華々しいものから始まったものの，quasipositive link という結び目理論研究の中では主流とは言い難い対象に注目し，そのつど関連する研究をひっそりと続けていたら，あるとき突然，コバノフホモロジーという注目をあびた画期的な分野に少しだけ関っていた，と言ったところであろうか．本当は最先端のテーマをもっと積極的に取り入れていけたら良いのだが，身の丈に合ったテーマに軸足を置かないと自分は研究が続かない性格なのだなと，最近ようやく認識した．私のような者ばかりでも数学は発展しないだろうが，私のような者やその対極のような者など多様な研究者の多様な視点があるから数学は発展するのだと思う．それに参加を許された人生の幸運に大いに感謝したい．

参考文献

[1] T. Tanaka, "Unknotting numbers of quasipositive knots", Topology Appl. 88 (1998), 239–246.

[2] L. Rudolph, "Quasipositivity as an obstruction to sliceness", Bull. Amer. Math. Soc. 29 (1993), 51–59.

[3] L. Rudolph, "Positive links are strongly quasipositive", Geometry and Topology Monographs 2 (1999): Proc. of the Kirbyfest, 555–562.

[4] N. A'Campo, "Generic immersions of curves and hyperbolic knots, monodromy and gordian number", Publ. Math. I. H. E. S. 88 (1998), 151–169.

[5] J. Rasmussen, "Khovanov homology and the slice genus", to appear in Invent. Math., math.GT/0402131.

流体方程式と自由境界問題

清水扇丈

1 はじめに

中学3年生の時，数学の授業で「円周角の定理」について学びました．「1つの円において，1つの弧に対する円周角はすべて等しく，その弧に対する中心角の半分である」という性質が成り立つというものです．数学で「ある性質が成り立つ」という時には，"1つも例外なく"その性質が成り立ちます．当時の私には，1つの弧に対するどの円周角も"すべて"等しいということがとても興味深く思われました．

この頃から私の中で数学が少しずつ特別なものとなり，その後数学に対する関心が高まっていきました．しかし，数学の定理はそれが授業や講義で紹介される著名なものは特に深遠かつ豊潤です．はたして自分が数学に対してなんらかの寄与ができるのかと問うてみたとき，なかなかそのように思えません．数学を研究する道に進もうと決心するまで随分な時間がかかってしまいました．

それでも何か1つのことを続けて考えていくうちに，なんとか道は開けて，現在，流体の自由境界問題についての研究を行って

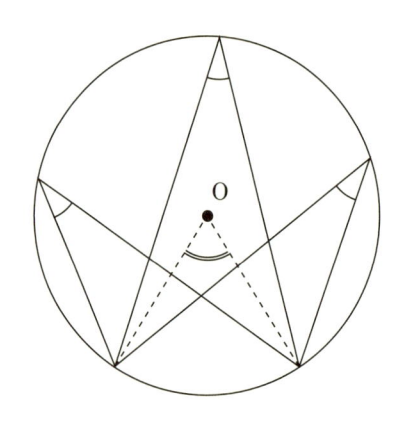

図 1　円周角の定理

おります．自由境界問題を太鼓を例にとり考えてみます．固定されている太鼓の枠に対し，膜の上下振動を考える場合は，固定境界問題となります．これに対して，太鼓の枠が時間と共にたわんでしまうような状態を考えることがあります．この場合は境界が時間と共に自由に動くことが想定され，自由境界問題となります．

2　流体方程式と自由境界問題

空気や水に代表されるさまざまな気体や液体の多くが，またマグマや氷河などの固体も長期スケールでは自由に形を変えて流れることのできる流体です．このような流体を記述する上で，古典力学での運動量の釣り合いを考えてたてられた方程式が，フランスの工学者 Navier により提唱され，イギリスの数学者であり物理学者である Stokes により定式化された Navier-Stokes 方程式：

$$\partial_t v + (v \cdot \nabla)v - \mu \Delta v + \nabla p = 0 \quad \text{div}\, v = 0 \quad \text{in } \mathbb{R}^n, \ \ t > 0,$$
$$v|_{t=0} = v_0 \qquad\qquad\qquad\qquad\qquad \text{in } \mathbb{R}^n \qquad (1)$$

です.ここで,$v = v(x,t) = {}^T(v_1(x,t), \cdots, v_n(x,t))$ [1)]は粒子の位置 $x \in \mathbb{R}^n$ ($n \geq 2$),時刻 $t > 0$ における流速ベクトル,$p = p(x,t)$ は圧力です.μ は粘性係数で,

$$\nabla = \Big(\frac{\partial}{\partial x_1}, \cdots, \frac{\partial}{\partial x_n}\Big), \quad \Delta = \sum_{j=1}^n \frac{\partial^2}{\partial x_j^2}$$

です.(1) は初期流速 $v_0 = v_0(x)$ が与えられたときに,流速 v と圧力 p を求める問題となります.$\text{div}\, u = 0$ は流体が運動によって密度変化を生じない非圧縮性の流体であることを表しています.この方程式の導出に対しては [4], [7] など良い和書が多くあります.また,Navier-Stokes 方程式の命名の経緯や付随する数学的におもしろい話題が [3] で,ベクトル解析とフーリエ変換に基づく解説が [1] で述べられています.

流体の局所的な変形速度を表す歪みテンソルは流速の関数として

$$D(v) = D(v)_{ij} = \frac{1}{2}\left(\frac{\partial v_i}{\partial x_j} + \frac{\partial v_j}{\partial x_i}\right)$$

で与えられます.流体中の応力は変形速度により定まり,

$$S(v, p) = \mu D(v) - pI, \quad I \text{ は } n \times n \text{ 単位行列}$$

を応力テンソルとよびます.

流体の自由境界問題とは初期領域 $\Omega_0 \subset \mathbb{R}^n$,初期流速 v_0 が与

[1)] T は転置を表します.

えられたとき，Navier-Stokes 方程式と応力テンソルで定められる境界条件:

$$\partial_t v + (v \cdot \nabla)v - \mu \Delta v + \nabla p = f(x,t) \quad \text{in } \Omega_t,\ t > 0,$$
$$\text{div } v = 0 \quad \text{in } \Omega_t,\ t > 0,$$
$$S(v,p)\nu_t = \sigma \mathcal{H} \nu_t - g_a x_n \nu_t \quad \text{on } \Gamma_t,\ t > 0,$$
$$V_n = v \cdot \nu_t \quad \text{on } \Gamma_t,\ t > 0,$$
$$v = 0 \quad \text{on } \Gamma_b,\ t > 0,$$
$$v|_{t=0} = v_0 \quad \text{in } \Omega_0 \qquad (2)$$

を満たす流速 v と圧力 p および時刻 t 秒後の領域 Ω_t を求める問題です．ここで，x_n は鉛直方向の位置ベクトルの成分であって，この方向にだけ重力が働くことを意味します．時刻 t 秒後の領域 Ω_t の境界は，自由境界 Γ_t と固定境界 Γ_b の和集合であるとします．なぜならば，海の波のような問題 (図 3 参照) は海底が固定境界，海の表面が自由境界となっているためです．V_n は自由境界 Γ_t の法線方向の成長速度，ν_t は Γ_t の単位法線ベクトル，$\mathcal{H}$ は平均曲率で Γ_t 上の Laplace-Beltrami 作用素 $\Delta_{\Gamma(t)}$ に対し $\mathcal{H}\nu_t = \Delta_{\Gamma(t)} x$ が成り立ちます．$\sigma > 0$ は表面張力係数，$g_a > 0$ は重力加速度です．

自由境界問題の典型的な例を 2 つ挙げます．1 つは自由境界によって囲まれた単一の気泡や液滴の動きを表す問題で，これを drop 問題とよびます．(2) で $\Gamma_b = \varnothing$ かつ $g_a = 0$ のときが drop 問題となります．

もう 1 つは海の波のように水平方向に無限領域で表面が自由境界である流体の動きを表す問題で，これを ocean 問題とよびます．Ω_0 が層で与えられるとき，(2) は ocean 問題を表します．

図 2 drop 問題

図 3 ocean 問題

3 偏微分方程式における問題設定

独立変数の個数が 2 個以上の関数を多変数関数，それぞれの変数に対する微分を偏微分とよびます．偏微分を含む方程式が偏微分方程式であり，Navier-Stokes 方程式も偏微分方程式の 1 つです．偏微分方程式に対する数学の問題として，

- 解が存在するか．(解の存在)
- 解が存在するとしてそれは 1 つか．(解の一意性)
- 解の滑らかさ (微分可能性) はどうか．(解の正則性)

が基本的な考察です．この 3 つの性質を解の適切性といいます．

p 乗して積分可能となる関数全体の集合:

$$\{u(x) \mid \int_\Omega |u(x)|^p \, dx < \infty\}, \quad 1 \leq p < \infty$$

を L^p 空間,

$$\|u\|_p = \left(\int_\Omega |u(x)|^p \, dx\right)^{\frac{1}{p}}, \quad 1 \leq p < \infty$$

を L^p ノルムとよびます．$p = \infty$ のときは，Ω 上の測度 0 である零集合を除き有限である関数全体の集合を L^∞ 空間，その関数の上限を L^∞ ノルムとします．偏微分方程式の解の存在を考えるとき，L^p 空間において解が存在するという考え方を良く用います．ノルムは実数に対する絶対値と同じ性質をもち，この大きさが有限であることで存在をはかります．ノルムが定義される線形空間 X が完備であるとき，すなわち，X のすべての Cauchy 列が X の中に極限をもつとき，X を Banach 空間といいます．L^p 空間は積分を Lebesgue 積分の意味でとるとき，Banach 空間と

なります．弱い意味で何回か微分した関数が L^p に属する空間を Sobolev 空間とよびます．Sobolev 空間も Banach 空間です．

偏微分方程式の解は一般に関数であり，解が存在するという場合には，その関数空間を特定することが重要です．偏微分方程式の解としての関数を，ある関数列の極限関数として求めることが多いですが，このとき Banach 空間 X で考えれば完備性からその極限関数も X に属し，解の属する関数空間が特定できることになります．

さて，流体の自由境界問題に話を戻します．これまで，drop 問題に対しては，ロシアの流体の大家 Solonnikov により，任意の大きさの初期値に対する時間局所解の一意存在定理と，小さな初期値および初期領域が球に近い場合の時間大域解の一意存在が，主に L^2 の Sobolev 空間において示されています．ocean 問題に対しては Beale，西田孝明，谷温之等により，任意の大きさの初期値に対する時間局所解の一意存在定理と，小さな初期値に対する時間大域解の一意存在が，主に L^2 の Sobolev 空間において示されています．

4　スケール不変空間

Navier-Stokes 方程式をスケール変換不変の観点から捉えてみます．λ を正のパラメータとして，関数族 (v_λ, p_λ) を

$$v_\lambda(x,t) = \lambda v(\lambda x, \lambda^2 t), \quad p_\lambda(x,t) = \lambda^2 v(\lambda x, \lambda^2 t) \qquad (3)$$

と定めますと，(v,p) が Navier-Stokes 方程式の解であれば，すべての $\lambda > 0$ に対して (v_λ, p_λ) も解となることがわかります[2]．

---

[2]ただし初期条件は満たしておりません．

そして
$$\|v_\lambda\|_{L^p((0,\infty),L^q(\mathbb{R}^n))} = \lambda^{1-\frac{2}{p}-\frac{n}{q}}\|v\|_{L^p((0,\infty),L^q(\mathbb{R}^n))}$$
が成り立つので，$\|v_\lambda\|_{L^p((0,\infty),L^q(\mathbb{R}^n))} = \|v\|_{L^p((0,\infty),L^q(\mathbb{R}^n))}$ がすべての $\lambda > 0$ について成り立つためには

$$\frac{2}{p} + \frac{n}{q} = 1 \tag{4}$$

を満たすことが必要十分となります．この指数をスケール変換不変の臨界指数，特に Navier-Stokes 方程式に対する条件 (4) を Serrin 条件とよびます．スケール不変空間においては，任意の初期値に対する時間局所解の存在が，その存在時間が初期値に依存せずに成立する場合には，同時に小さい初期値に対する時間大域解の存在も成立します．これを藤田・加藤の原理とよびます．また，スケール不変空間においては解の爆発が除去され，解が正則になることがわかってきています．

これらのことから，スケール不変な関数空間において解を捉えることが重要です．私は，流体の自由境界問題の解をスケール変換不変則の臨界指数 (4) を満たす時間 L^p，空間 L^q の空間で捉えたいと考えました．

5 ミレニアム懸賞問題

ここで私の仕事から少し離れて，ミレニアム懸賞問題について述べたいと思います．西暦 2000 年にアメリカの Clay 財団が，数学の未解決問題 7 つに 100 万ドルの懸賞金をかけました．その 1 つが Navier-Stokes 方程式に対する問題です．

Navier-Stokes 方程式の数学的研究は，1934 年にフランスの

数学者 Leray により始まりました．Leray は任意の初期流速に対し，空間 2 次元における古典解の一意存在と，空間 3 次元における弱解の存在を示しました．ℓ 階微分可能で ℓ 階までの導関数が連続となる関数全体の集合を C^ℓ 級といいます．古典解とは Navier-Stokes 方程式を通常の意味で満たす，すなわち時間に関して C^1 級，空間に関して C^2 級の解のことです．(1) の弱解とは Navier-Stokes 方程式に $\mathrm{div}\phi = 0$ である性質の良い関数 $\phi(x,t)$ をかけて時間変数 t について積分して得られる

$$\int_0^t \{-(v, \partial_t \phi) + (\nabla v, \nabla \phi) + (v \cdot \nabla v, \phi)\} dt = (v_0, \phi(x,0))$$

を満たす関数 v のことです．古典解ならば弱解ですが逆は成立しません．

Leray による弱解の構成は Hopf に受け継がれ，領域の解に対し弱解が定義されました．この弱解を Leray-Hopf 解とよびます．解のクラスを弱い解のクラスまで広げたので解の存在はいえましたが，今度はクラスが広すぎて解の一意性がわからなくなりました．

その後 2 次元流に対しては，Serrin，増田等の結果により，弱解が初期流速により一意に定まり，その解が滑らかであることが示されました．しかし，3 次元以上の流れに対しては，Leray と Hopf により存在が示された弱解の一意性と正則性については 70 年強経った今でも未解決であり，「任意の初期流速に対する時間大域的な弱解の一意性と正則性」がミレニアム懸賞金 7 つの問題のうちの 1 つとなっています．

なぜ 2 次元流は解けて 3 次元以上の流れに対しては未解決なのでしょうか．任意の初期流速に対する時間大域解の証明には，空

間変数について内積で定めるエネルギーノルムが時間に関して有限となることを用います．2次元に対しては $p=\infty, q=2$ がスケール不変の臨界空間で，これはちょうどエネルギーノルムが時間に関して有限であることと一致します．しかし，3次元以上に対しては $p=\infty, q=2$ はスケール不変の空間ではありません．このことが，3次元以上の流れに対して任意の初期流速に対する時間大域的な弱解の一意性と正則性が未解決であることに関係していると考えられます．

6 半線形方程式に対する解法 ——半群の評価の利用——

未知関数とすべての偏導関数に対する1次式の項を線形，そうでない項を非線形といいます．Navier-Stokes 方程式 (1) では，$(v \cdot \nabla)v$ が非線形項，その他の項は線形項です．非線形項を含む偏微分方程式が非線形偏微分方程式です．非線形の方程式については，最高階の偏導関数について1次式となる方程式を準線形，このとき最高階の偏導関数について1次斉次となる部分をこの方程式の主部とよび，準線形の方程式について主部の係数が未知関数を含まないとき半線形といいます．Navier-Stokes 方程式 (1) は半線形方程式です．

まず，v を1変数 t の関数 $v=v(t)$ とし，定数 a に対する常微分方程式の初期値問題

$$v'(t) + av(t) = f(v(t)), \quad t > 0,$$
$$v(0) = v_0$$

を考えてみましょう．ここで $v'(t)$ は導関数を表します．この解は Duhamel の原理により，積分方程式

$$v(t) = e^{-at}v_0 + \int_0^t e^{-a(t-s)}f(v(s))\,ds$$

で与えられます.

A が定数ではなく，微分などの作用素となった場合でも適当な条件を満たすと e^{-At} が定義され

$$v'(t) + Av(t) = f(v(t)), \quad t > 0,$$
$$v(0) = v_0 \tag{5}$$

の解は積分方程式

$$v(t) = e^{-tA}v_0 + \int_0^t e^{-(t-s)A}f(v(s))\,ds$$

で与えられます. e^{-At} は半群の性質を満たしていることから半群とよばれます.

さて，時間微分を含む方程式を時間発展方程式といいます. 時間発展な非線形方程式を解くために，非線形項を右辺に回し (5) の形に持ち込む方法を良く用います. Navier-Stokes 方程式に対し，この考えに基づきスケール不変な関数空間で解くことを考えたのが加藤敏夫 [2] です. (1) を (5) の形に持ち込もうとするとき，

- 流速 v は時間微分で $\partial_t v$ と与えられているのに，圧力 p は見かけ上時間微分で与えられていないこと
- $\mathrm{div}\, v = 0$ という付加条件がついていること

の 2 点が障害となります. この 2 点を一気に解決してくれるのが，Helmholtz 分解です. これは，n 次ベクトルとしての L^q 関数を $\mathrm{div}\, g = 0$ を弱い意味で満たす g と $\nabla \pi$ と表される部分に

$$f = g + \nabla \pi$$

と直和分解されるというものです. f の g への射影を P とし, ソレノイダル空間への射影とよびます. (1) に P を射影し, 非線形項を右辺に回すと

$$\partial_t v - \mu P \Delta v = -P[(v \cdot \nabla)v], \quad t > 0,$$
$$v(0) = v_0$$

を得ます. $A = -\mu P \Delta$ として (5) の形となり, 半群 e^{-tA} を用いて

$$v(t) = e^{-tA}v_0 - \int_0^t e^{-(t-s)A} P[(v \cdot \nabla)v](s)\, ds \qquad (6)$$
$$:= \Phi(v)$$

と表すことができます.

次に, 第 3 節で述べたように, この形式的に作った解が存在する関数空間を特定することが問題となります. 偏微分方程式の解の存在証明は, しばしば次の Banach の不動点定理に基づきます.

<u>Banach の不動点定理</u> X を Banach 空間とし, S をその空でない閉部分集合とする. このとき写像 $\Phi : S \to S$ が縮小写像ならば, S の中に Φ の不動点が存在しかつ一意である.

L^n かつ L^q の閉部分集合 S に対し, (6) で定義される Φ が S から S への縮小写像となります. 縮小写像であることを示すのに鍵となっているのが, Stokes 半群に対する L^n 評価

$$\|\nabla^\alpha e^{-tA} v_0\|_n \le C_n\, t^{-\frac{|\alpha|}{2}} \|v_0\|_n, \quad |\alpha| = 0, 1, 2 \qquad (7)$$

です. 非線形項に空間 1 階微分を含みますから, S から S への写像であるためには, 解の空間 1 階微分の L^n 評価が必要となりま

す．解表示 (6) の右辺第 2 項の積分を $G(v)$ とおき，$G(v)$ の空間 1 階微分の L^n 評価を半群の評価 (7) を $|\alpha|=1$ として用いて行うと，

$$\|\nabla Gv(t)\|_n \leq C \int_0^t (t-s)^{-\frac{1}{2}} \|P[(v\cdot\nabla)v](s)\|_n\, ds$$

を得ます．この右辺の積分の収束については，原点 $t=0$ の近傍で $t^{-\frac{1}{2}}$ が可積分かどうかに帰着できますが，$t^{-\frac{1}{2}}$ は原点で発散する関数ですが可積分です．したがって S から S への写像となり，さらにこの写像は縮小写像であって Banach の不動点定理が適用でき，L^n かつ L^q に属する $\operatorname{div} v_0 = 0$ を満たす初期値 v_0 に対して，大きな初期値に対する時間局所解の一意存在と，小さな初期値に対する時間大域解の一意存在が不動点定理により示されます．この解のクラスは時間に関して連続な $p=\infty$ の場合に相当し，スケール変換不変則の臨界指数 (4) を空間指数 $q=n$ として満たしています．

7 準線形方程式に対する解法 —最大正則性評価の利用—

今度は自由境界問題を考えてみます．自由境界問題では，時刻 t に依存する領域 Ω_t において Navier-Stokes 方程式を満たすため，自由領域 Ω_t から固定されている初期領域 Ω_0 での問題に変換します．この変換により Navier-Stokes 方程式は主部 Δv の係数に未知関数を含む準線形方程式となります:

$$\partial_t v + Av = P\left[V\left(\int_0^t \nabla v\, d\tau\right)\Delta v\right], \quad t>0,$$
$$v(0) = v_0.$$

ここで A は前節と同じ $A = -\mu P\Delta$, $V(\cdot)$ は $\int_0^t \nabla v\, d\tau$ を変数とする多項式です．この準線形方程式に対して半線形と同じように前節の方法で解いてみます．この解は積分方程式

$$v(t) = e^{-tA}v_0 + \int_0^t e^{-(t-s)A} P\left[V\left(\int_0^t \nabla v\, d\tau\right)\Delta v\right](s)\, ds \tag{8}$$

$$:= \Psi(v)$$

で与えられます．右辺には空間 2 階微分を含みますから，Ψ が L^n かつ L^q の閉部分集合 S から S への写像であるためには解 (8) の空間 2 階微分の L^n 評価が必要となります．解表示 (8) の右辺第 2 項の積分を $G(v)$ とおき，$G(v)$ の空間 2 階微分の L^n 評価を半群の評価 (7) を $|\alpha| = 2$ として用いて行うと，

$$\|\Delta Gv(t)\|_n \leq C \int_0^t (t-s)^{-1} \left\|P\left[V\left(\int_0^t \nabla v\, d\tau\right)\Delta v\right](s)\right\|_n ds$$

を得ます．この右辺の積分の収束については，原点 $t = 0$ の近傍で t^{-1} が可積分かどうかに帰着できますが，t^{-1} は原点の近傍で可積分ではありません．

したがって準線形方程式に対しては，その最高階の微分に対して半群の評価は使えないことになります．この問題を解決してくれる 1 つの考え方が最大正則性です．

X を Banach 空間，$\mathcal{D}(A) \subset X$ を作用素 A の定義域として，次の初期値問題を考えます：

$$v'(t) + Av(t) = f(t),\ t > 0, \qquad v(0) = 0. \tag{9}$$

A が L^p 最大正則性を持つとは，任意の $f \in L^p((0,T), X)$, $0 <$

$T \leqq \infty$ に対し (9) の一意解が存在して,次の評価式

$$\|v'\|_{L^p((0,T),X)} + \|Av\|_{L^p((0,T),X)} \leqq C\|f\|_{L^p((0,T),X)} \quad (10)$$

を満たすことをいいます.ここで $C > 0$ は f に独立な定数です.半群としての解に対しては,左辺の v' と Av に比べて右辺の f の時間に関する正則性は少し高いのですが,A が最大正則性をもつとは,左辺の v' と Av が右辺の f と時間に関して同じ最大の正則性をもつことを意味します.

半線形方程式では,時間に関して連続な空間で閉じた評価を得ていましたが,準線形方程式では,時間に関して L^p 空間で閉じた評価を考えるわけです.

8 Fourier 変換と Fourier-multiplier の定理

本節では,具体的な線形問題が L^p 最大正則性をもつことをどのように示すかについて考えていきます.今考えている自由境界問題では初期領域 Ω_0 は $\mathbb{R}^n$ ではなく $\mathbb{R}^n$ の一般領域です.一般領域の場合は,局所化の方法を用いて,全空間 $\mathbb{R}^n$ や半空間 $\mathbb{R}^n_+$ の問題に帰着します.

前節までは,Duhamel の原理を用いて積分方程式で解を形式的に表してきましたが,今度は,全空間や半空間の問題の解をフーリエ変換を用いて表すことにします.f を何回でも微分でき,f とそのすべての偏導関数が積分可能な関数とします.1 変数関数 $f(t)$ に対するフーリエ変換・逆変換は

$$\mathcal{F}[f](\tau) = \int_{\mathbb{R}} e^{-it\tau} f(t)\, dt := \hat{f}(\tau),$$
$$\mathcal{F}^{-1}[f](t) = \frac{1}{2\pi} \int_{\mathbb{R}} e^{it\tau} \hat{f}(\tau)\, d\tau := \check{f}(t)$$

で定義され，$\mathcal{F}^{-1}\mathcal{F}[f] = f$ という性質をもちます．フーリエ変換の利点は一言で述べると「$f(t)$ を α 階微分する演算を $\hat{f}(\tau)$ に多項式 τ^α をかける演算に置き換える」ことにあります．したがって，微分方程式の解とその解の微分は，一般に有理関数 $m(\tau)$ に対し

$$T_m f(t) = \frac{1}{2\pi} \int_\mathbb{R} e^{it\tau} m(\tau) \hat{f}(\tau)\, d\tau = \mathcal{F}^{-1}[m(\tau)\hat{f}(\tau)](t)$$

の形で与えられることになります．この作用素 T_m を $m(\tau)$ という乗式 (multiplier) をかけていることから Fourier multiplier 作用素とよびます．今，L^p 最大正則性評価式 (10) を成立させるために，$T_m f$ の形で表される解が時間に関して L^p 空間に属するかということを考えます．積に関する Fourier 逆変換は各々の逆変換の合成積に等しく，$T_m f = \check{m} * f$ となり，例えば $\check{m}$ が可積分ならば $T_m f$ は L^p 空間に属します．しかし，より広くかつ判定が容易に，有理関数の $m(\tau)$ に対し，

$$|m(\tau)| \leq C, \quad |\tau m'(\tau)| \leq C, \quad \tau \in \mathbb{R} \setminus \{0\} \tag{11}$$

を満たせば

$$\|T_m f\|_p \leq C\|f\|_p \tag{12}$$

が成立するという Fourier multiplier の定理が $1 < p < \infty$ に対し成立します．

さて，実際の解は空間変数についても Fourier 変換されており，$m(\tau)$ は複素数値ではなく Banach 空間 X 上の作用素 $M(\tau)$ となります．作用素値の multiplier $M(\tau)$ に対して (12) が (11) を

$\{M(\tau) \mid \tau \in \mathbb{R} \setminus \{0\}\}$ と $\{\tau M'(\tau) \mid \tau \in \mathbb{R} \setminus \{0\}\}$ が $\mathcal{R}$-有界

におきかえて成立するという，作用素値に拡張された Fourier multiplier の定理が，2001 年に Weis により証明されました．ここで，$\mathcal{R}$-有界とは無作為化 (randmized) 有界のことで，ノルム有界よりも強い有界性です．第 3 節で述べた $q=2$ とした L^2 空間は，Banach 空間の中でも内積が定義される Hilbert 空間となりますが，X, Y が Hilbert 空間の場合には，$\{M(\tau)\}$ と $\{\tau M'(\tau)\}$ が $\mathcal{R}$-有界ではなく，ノルム有界で作用素値 Fourier multiplier の定理が成り立つことが知られていました．

さて，流体の自由境界問題に話を戻します．自由境界問題 (2) の線形化問題を (9) として表すと，A は流速 v に対する空間 2 階微分に相当します．流速の時間 1 階微分と空間 2 階微分に対し L^p 最大正則性を得るために，Fourier 変換を用いて解を表し Weis の定理を用います．作用素 $M(\tau)$ は積分作用素として具体的に与えられますが，この $M(\tau)$ に対しどのように $\mathcal{R}$-有界性を示すかが問題となります．2003 年の Denk-Hieber-Prüss の AMS レクチャーノートからヒントを得て，$M(\tau)$ が積分作用素である場合に $\mathcal{R}$-有界となる十分条件を導きました．$M(\tau)$ がこの十分条件を満たすことを確認し，Weis の定理から流速の時間 1 階微分と空間 2 階微分に対し，時間 L^p，空間 L^q のクラスで最大正則性評価が得られることを示しました．そして局所化の方法を用いて一般領域の場合の最大正則性を導きます．この線形問題の最大正則性の結果を用いて，非線形問題に対し Banach の不動点定理を適用して，小さな初期データに対する時間大域解の一意存在と，任意のデータに対する時間局所解の一意存在を示しました．非線形問題では埋め込み定理を使うため，指数に関して $2 < p < \infty$, $n < q < \infty$ の制限がつきます．この制限の下で

$$\frac{2}{p}+\frac{n}{q}=1$$

となる p, q をとることにより，スケール不変な関数空間で流体の自由境界問題の解の一意存在を示しました．

9 あとがき ──女性としての視点から──

「日本数学会男女共同参画社会推進委員会のあゆみ」ホームページによると，日本数学会会員数約 5000 人，うち女性約 250 人と全体の 5 ％です．女性研究者としての筆者の視点から，日頃感じていることを述べたいと思います．

私が中学生や高校生だった頃，両親や担任の先生は女性が理系に進学することに否定的でした．進路を決めるのに平行線の話合いが何度も繰り返され，自分に近い存在である両親や担任の先生がというよりは，社会全体が否定的であったように思います．そんな中でも一人静かな時間に数学を学び理解できたときの喜びは他の何にも代えがたいものがありました．

女性の生活形態は男性よりも多様であり，どのような選択をするかは個人個人で異なります．私は子供をもっているという立場にあります．数学に限らず研究者にとって大きな問題点の 1 つは，30 代・40 代前半という研究に大切な時間の多くが子育てに取られてしまうことです．私の経験から，妊娠期間中に始まり，子供が 3 歳になるまでは膨大に，また小学生の間も時間，体力はもちろん，子供を守るために注ぐ注意力でかなり消耗してしまいます．

苦しい時には，真摯な記述に感銘を受けた 2 冊：女性科学者 10 名によって書かれた『親愛なるマリー・キュリー』[5]，米澤富美子先生の『二人で紡いだ物語』[8] を何度も読み返しました．また，

身近な先輩女性数学者の森本浩子，加藤久子，長谷川幸子，岩崎千里，古谷希世子，山崎多恵子の諸先生方から直接頂いたアドバイスが大変励みになりました．イタリア人女性数学者の Padula との共同研究を通して，数学と生き方の厳しさと楽しさの両方を学びました．

子供をもつことが数学をする上で有利か不利かといえば，少なくとも子育て期間中に限定すれば迷わず不利であるといえます．

それでも人生は長く，長いスパンで捉えるとどうかはまた別です．実際私が生きてきた時間だけでも，1999 年には内閣府に「男女共同参画局」ができ，文部科学省が女性研究者支援モデル育成」や「女子中高生の理系進路選択支援事業」を展開し，女性限定の公募が行われたりと信じられないくらいの変化が起き，自分が学生だった頃に比べて，女性が理系に進むことを社会が後押ししてくれるようになってきました．

マリー・キュリーや米澤富美子先生のような偉大な先輩には，遠く足元にも及びませんが，これからの若い女性の皆さんにエールを送ると共に，渦中にありもがいている私自身も，さらに自分で納得のいく数学の仕事ができるよう，しなやかに挑戦を続けていきたいと思っております．

参考文献

[1] 垣田高夫，柴田良弘『ベクトル解析から流体へ』，日本評論社，2007.

[2] T. Kato, *Strong L^p-solutions of the Navier-Stokes equation in $\mathbb{R}^m$, with applications to weak solutions*, Math. Z., **187** (1984) 471–480.

[3] 岡本久『現象の数理 (放送大学教材)』，放送大学教育振興会，2003.

[4] 佐野理『連続体の力学』,基礎物理学選書 26,裳華房,2000.

[5] 猿橋勝子監修『親愛なるマリー・キュリー,女性科学者 10 人の研究する人生』,東京図書,2002.

[6] Y. Shibata and S. Shimizu, *On the L_p–L_q maximal regularity of the Neumann problem for the Stokes equations in a bounded domain*, J. reine angew. Math., **615** (2008) 157-209.

[7] 巽友正『連続体の力学』,岩波基礎物理シリーズ 2,岩波書店,1995.

[8] 米沢富美子『二人で紡いだ物語』,朝日文庫,2000.

超局所解析と調和解析のはざまで

杉本 充

1 はじめに

　著者 Kumano-go による『Pseudo-Differential Operators』という本があります．これは『擬微分作用素』と題する熊ノ郷準先生による和書の英訳版です．その出版後間もない頃，私は数学科の学生として卒業のためのセミナーを始める段階を迎えており，テキストの候補として挙げられていた多くの本の中からこの本を選択することにいたしました．したがってこれは，いわば私が専門としての数学の道を歩む上での出発点となった本ということになります．

　なぜこの本を読むことにしたのかはあまりよく覚えていないのですが，この本の著者が現職の大阪大学教授でありながら不幸にして不治の病に侵されたこと，この英訳版の出版の報告をその病床で受け，その後ほどなく 40 代の若さで亡くなられたことなどを当時どこからともなく聞かされて，その悲劇的な本には一体何が書かれているのだろうという，少し学問からはかけ離れた興味も手伝ったことは確かです．当時の私はただの学部学生であり，

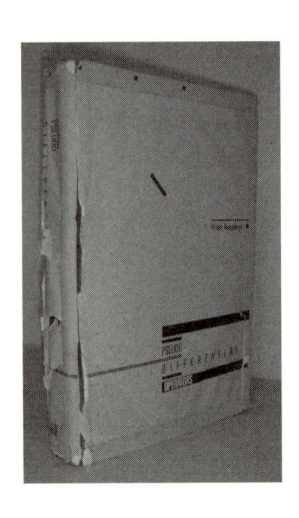

図1 筆者の手元にある Kumano-go『Pseudo-Differential Op-eretors』.

Kumano-go に会ったことなどはなく，もちろんいかなる人であったかなどは知る由もありません．ただその名前はセミナーのテキストにあげられるくらいの有名な本の著者のことであり，私にとっては文字通り雲の上の存在にしかすぎませんでした．

2 擬微分作用素とフーリエ積分作用素

さて，その「擬微分作用素」とは一体何であるのかについて簡単に説明しておきましょう．それは，n 変数 $x = (x_1, x_2, \cdots, x_n)$ の関数 $u(x)$ に対し

$$Tu(x) = \int_{\mathbb{R}^n} \int_{\mathbb{R}^n} e^{i(x-y)\cdot\xi} a(x, y, \xi) u(y) \, dy d\xi$$

で定義される別の n 変数関数 $Tu(x)$ を与える対応 T のことを意味します．また，$(x-y)\cdot\xi$ は $x-y$ と ξ の内積をあらわします．また擬微分作用素をさらに一般化して

$$T_\phi u(x) = \iint e^{i\phi(x,y,\xi)} a(x,y,\xi) u(y) \, dy d\xi$$

のようなものも考えます．これは「フーリエ積分作用素」とよばれます．これらは，Hörmander らによって 1970 年代初頭までにはその基礎理論が確立されました．

ここで，特別な場合として $a(x,y,\xi)$ が恒等的に定数 $1/(2\pi)^n$ である場合を考えると，T は関数 $u(x)$ に対して同じ関数 $u(x)$ を対応させる恒等作用素となります．すなわち，等式

$$u(x) = \frac{1}{(2\pi)^n} \iint e^{i(x-y)\cdot\xi} u(y) \, dy d\xi$$

が成立するというわけですが，これは「フーリエの逆公式」とよばれる有名な式です．一見したところ右辺の ξ に関する積分は収束しそうもなく奇異な感じがしますが，じつは $y \neq x$ のときには因子 $e^{i(x-y)\cdot\xi}$ が ξ が動くことにより激しく振動しており，それによって打ち消し合いが生じています．したがって，$y = x$ のときの値のみが残るというのがこの等式の意味するところです．一般にこのような積分は「振動積分」とよばれており，擬微分作用素やフーリエ積分作用素はこれを用いて定義されています．

さらにこの等式の両辺を x_j に関して偏微分すると，ξ の第 j 成分を ξ_j として，等式

$$\frac{\partial u}{\partial x_j}(x) = \frac{i}{(2\pi)^n} \iint e^{i(x-y)\cdot\xi} \xi_j u(y) \, dy d\xi$$

が得られます．ここで右辺において積分と微分の順序交換をしましたが，このようなことがスイスイとできるのも振動積分の特徴です．この式は，$a(x,y,\xi) = i\xi_j/(2\pi)^n$ の場合に対応する擬微分作用素 T は，微分作用素 $T = \partial/\partial x_j$ であることを表しています．この議論をくりかえせば，$a(x,y,\xi)$ が ξ の多項式である場合にも，やはり T は微分作用素であることが分かります．一般の $a(x,y,\xi)$ の場合にも T は疑似的に「微分作用素」とみなせますので，その意味でこれを「擬微分作用素」とよぶのです．

擬微分作用素やフーリエ積分作用素は，線形の偏微分方程式論を展開する上で欠くことのできない重要な道具です．たとえば関数 g が与えられている時に，偏微分方程式

$$\Delta u = g$$

の解 u を見つける問題を考えるとします．これはラプラスの方程式とよばれているものです．ここで，

$$\Delta = \frac{\partial^2}{\partial x_1^2} + \frac{\partial^2}{\partial x_2^2} + \cdots + \frac{\partial^2}{\partial x_n^2}$$

はラプラシアンとよばれる微分作用素です．これは，

$$\Delta u(x) = \frac{-1}{(2\pi)^n} \iint e^{i(x-y)\cdot\xi} |\xi|^2 u(y)\, dy d\xi$$

と擬微分作用素としてあらわすこともできます．このとき，方程式 $\Delta u = g$ の両辺を Δ で「割り算」して $u = \Delta^{-1} g$ が解であるなどというのは荒唐無稽な論法のようですが，じつはこの割り算 Δ^{-1} が擬微分作用素

$$\Delta^{-1} u(x) = \frac{-1}{(2\pi)^n} \iint e^{i(x-y)\cdot\xi} |\xi|^{-2} u(y)\, dy d\xi$$

として実現されることがこれまでの考察から分かると思います．つまり微分作用素の枠を広げて擬微分作用素の世界を考えることにより，解が簡単に見つかるようになります．これはたとえば1次方程式 $ax = b$ の係数 a, b が仮に整数であったとしても解 x が整数の中にあるとは限らないのですが，より広い「有理数」の中には解 $x = a^{-1}b$ が簡単に見つかるのと同じことです．また，同様に「平方根」$\sqrt{-\Delta}$ も擬微分作用素

$$\sqrt{-\Delta}u(x) = \frac{1}{(2\pi)^n} \iint e^{i(x-y)\cdot\xi}|\xi|u(y)\,dyd\xi$$

として存在します．これは2次方程式 $x^2 = a$ の解を無理数の中で見つけることに相当します．この類推から，より一般に $a(-\Delta)$ は

$$a(-\Delta)u(x) = \frac{1}{(2\pi)^n} \iint e^{i(x-y)\cdot\xi}a(|\xi|)u(y)\,dyd\xi$$

により定義されます．

以下では，擬微分作用素やフーリエ積分作用素といった理論が私のこれまでの研究にどのように関わってきたのか，またどのようなことがこれからの課題として残されているのかについてお話していきます．だだしそれらは，超局所解析と調和解析という2つの広大な研究領域のはざまにおけるほんの片隅の事柄にしかすぎません．

3 双曲型方程式と解の正則性

n 次元空間における波動現象を記述する基本方程式として，波動方程式とよばれる偏微分方程式が知られています：

$$\frac{\partial^2 u}{\partial t^2}(t,x) = \Delta u(t,x)$$

ここで $u(t,x)$ は時刻 t, 位置 $x = (x_1, x_2, \cdots, x_n)$ における波の状態をあらわす未知関数です．また，Δ は先ほど登場したラプラシアンです．これに時刻 $t = 0$ での波の初期状態 $u(0,x)$ および $\partial u / \partial t(0,x)$ を指定して，一般の時刻における波の状態 $u(t,x)$ を求めることを考えます．このような問題のことを「初期値問題」といいます．また，指定した初期状態のことを「初期値」といいます．

例えば $n = 1$ の場合には，波動方程式はロープを揺らした時にできる波が伝わる様子を記述していることになります．したがって，もし時刻 $t = 0$ での波の初期状態を指定すれば，一般の時刻における波の状態がただ一通りに定まることは直観的に明らかです．実際，このことは解を具体的に求めることにより確かめられます．簡単のため初期値を $u(0,x) = f(x)$, $\partial u/\partial t(0,x) = 0$ とすれば，この解は一意的に

$$u(t,x) = \frac{f(x+t) + f(x-t)}{2}$$

で与えられます．これはダランベールの公式とよばれています．この公式の導き方は簡単で，$\mu = x+t$, $\nu = x-t$ と変数変換することにより波動方程式は $\partial^2 u / \partial \mu \partial \nu = 0$ と変換されます．これを μ と ν に関して順次積分していけば，一般解として

$$u = F(\mu) + G(\nu) \ \left(= F(x+t) + G(x-t) \right)$$

が得られますので，あとは初期値を満たすように F と G を定めればよいのです．

この解表示からは，波は形を変えずに前後にそれぞれ同じ速度

で伝わっていることが読み取れます．これは，時刻 $t=0$ での波の情報が有限の速度で伝わっているとも言い換えることができます．この性質のことを「有限伝播性」といいます．少々複雑になりますが，一般の次元 n の場合にも解の表示を与えることができ，やはり有限伝播性を見て取ることができます．また，解が初期値に対して一意的に存在するのみならず「連続的に」依存していることも分かります．

これらの性質は，すべての偏微分方程式の初期値問題に対して成立するわけではありません．このような性質を持つ偏微分方程式は，一般に「双曲型方程式」とよばれて分類されています．それでは偏微分方程式がどのような時に双曲型となるのでしょうか？この問題は基本的で古くから研究されてきましたが，定数係数の場合の完全な答えが 1951 年に Gårding により与えられて以来いろいろな数学者たちがこぞって取り組み，偏微分方程式における中心的課題のひとつとなりました．多くの日本人研究者による精力的な研究もあり，その条件が詳細に調べられてきました．双曲型方程式に言及する以上，このことについてもっと説明すべきなのかも知れませんが，私が数学の研究を志した頃には，すでにこの問題は調べつくされた感がありました．そして，むしろ次に説明するもう一つの基本的な問題の方が，より大事な事柄であるように思えていました．

それは解の正則性，すなわち「滑らかさ」に関する問題です．関数の正則性の指標としてはいろいろなものが用いられますが，もっとも基本的なものとして C^m 級という言葉をご存知かと思います．ここではこれを m 回連続微分可能でそのすべての偏導関数が有界な関数のクラスのことを意味するものとします．別の言葉でいえば「ノルム」

$$\|f\|_{C^m} = \sum_{\alpha_1+\cdots+\alpha_n \leq m} \max_{x \in \mathbb{R}^n} \left| \frac{\partial^{\alpha_1+\cdots+\alpha_n} f}{\partial x_1^{\alpha_1} \cdots \partial x_n^{\alpha_n}}(x) \right|$$

が有限となる関数 f の全体のことになります．その他にもノルム

$$\|f\|_{H^m} = \sum_{\alpha_1+\cdots+\alpha_n \leq m} \sqrt{\int_{\mathbb{R}^n} \left| \frac{\partial^{\alpha_1+\cdots+\alpha_n} f}{\partial x_1^{\alpha_1} \cdots \partial x_n^{\alpha_n}}(x) \right|^2 dx}$$

が有限となる関数 f の全体 H^m を考えることもあります．より正確には，この場合は偏導関数を「弱い意味」で解釈したものもすべて考えます．このような関数のクラスのことを，「ソボレフ空間」といいます．じつは C^m や H^m は，「補間」や「双対」という手続きにより m が一般の実数であっても定義することができます．またソボレフの埋蔵定理とよばれる関係式 $H^m \subset C^{m-n/2}$ もよく知られています．

さて，ダランベールの公式から，空間 1 次元の波動方程式では，初期値 $f(x)$ が C^m 級ならば，解 $u(t,x)$ も x について C^m 級となることが簡単に分かります．このことは，一般の次元においても正しいでしょうか？ あるいは，より一般の双曲型方程式の初期値問題においても，このことは正しいでしょうか？

解表示を求めずして双曲型方程式の性質を探る方法としてエネルギーの方法が知られていますが，これによれば一見この主張は正しいように思えます．ここでエネルギーの方法を波動方程式の場合に説明しておくと，これは時刻 t における波の全エネルギー

$$E(t) = \int \left| \frac{\partial u}{\partial t}(t,x) \right|^2 dx + \sum_{j=1}^n \int \left| \frac{\partial u}{\partial x_j}(t,x) \right|^2 dx$$

は時間により変化しない，すなわち $E(t) = E(0)$ であることを利用するものです．これより，初期値 f がソボレフ空間 H^1 に属

していれば，解 $u(t,x)$ も x について H^1 に属することが分かります．また波動方程式の両辺を微分してから同じ論法を用いれば，初期値 f がソボレフ空間 H^m に属していれば，解 $u(t,x)$ も x について H^m に属することも分かります．H^m のクラスとは弱い意味の微分に関して m 回の微分可能性をいうものであり，それに関して正しい主張が，そのまま通常の m 回の微分可能性をいう C^m に対しても正しいと思うのは自然なことです．

ところが，じつは空間2次元以上の場合は，波動方程式の場合においてすら，上の主張が正しくないことが知られています．この事実は，1963年に Littman により示されたものです．そこで次に問題になるのは，初期値が C^m 級のとき解は x に関してどのクラスに属しているかということです．そして C^m 級とならないのであれば，どの程度の滑らかさが失われるのかを正確に知りたいという欲求です．H^m では損失が生じない事実とソボレフの埋蔵定理を単純に組み合わせれば，C^m での損失は悪くとも $n/2$ となることが分かりますが，これだと $n=1$ のときに損失が生じない理由がうまく説明できません．したがってこの結果はもっと改良されてしかるべきです．

これに対する明確な解答は，1980年に宮地晶彦により与えられました．彼が示した定理は「波動方程式において初期値が C^m 級であれば解は空間変数に関して $C^{m-(n-1)/2}$ 級に属し，一般にはこれ以上改善されない」というものです．つまり $-(n-1)/2$ の滑らかさの損失が起こるのが必然であることを述べていることになります．また $n=1$ の時にはこれは 0 となりますから，この場合には損失が起きない理由も同時に説明されています．

一般の双曲型方程式に対する同じ主張は，1991年の Seeger, Sogge, Stein の3人による論文で示されました．じつは彼らと同

じころ，私は独自に同じテーマに関する論文をまとめておりました．それは方程式に対してある幾何学的な仮定をした状況での主張であり，当時の私はこの仮定を外すことは不可能であると考えていただけに，彼らの結果には本当に驚きました．私よりもさらに若い世代の人にとっては 1991 年といえばすでに遠い昔のことのように思えるのかもしれませんが，古い歴史を持つ双曲型方程式に対する基本的な結果がこの年になるまで示されていなかったことは，とても不思議な感じがいたします．

4　フーリエ積分作用素と調和解析

宮地や Seeger-Sogge-Stein の定理の証明においてまず鍵となるのは，双曲型方程式の初期値問題の解がフーリエ積分作用素を用いて表示されるという点です．解の表示をさけて前述のエネルギーの方法に頼った手法では，このような結果は得ることができません．

まずはこの表示法について，波動方程式の場合に説明しておきましょう．波動方程式 $\partial^2 u/\partial t^2 = \Delta u$ は，$u_1 = \sqrt{-\Delta}\, u$, $u_2 = \partial u/\partial t$ とおくことにより偏微分方程式系

$$\frac{\partial}{\partial t} \begin{pmatrix} u_1 \\ u_2 \end{pmatrix} = \begin{pmatrix} 0 & \sqrt{-\Delta} \\ -\sqrt{-\Delta} & 0 \end{pmatrix} \begin{pmatrix} u_1 \\ u_2 \end{pmatrix}$$

の形に書き直すことができます．このように，2 階の偏微分方程式をより扱いが簡単な 1 階の方程式へと変形するのにも擬微分作用素は用いられます．ここに出てきた擬微分作用素を成分に持つ行列は

$$\begin{pmatrix} 0 & \sqrt{-\Delta} \\ -\sqrt{-\Delta} & 0 \end{pmatrix}$$
$$= \begin{pmatrix} 1 & 1 \\ i & -i \end{pmatrix} \begin{pmatrix} i\sqrt{-\Delta} & 0 \\ 0 & -i\sqrt{-\Delta} \end{pmatrix} \begin{pmatrix} 1 & 1 \\ i & -i \end{pmatrix}^{-1}$$

と対角化されますので，

$$\begin{pmatrix} v_+ \\ v_- \end{pmatrix} = \begin{pmatrix} 1 & 1 \\ i & -i \end{pmatrix}^{-1} \begin{pmatrix} u_1 \\ u_2 \end{pmatrix}$$

に関する方程式

$$\frac{\partial}{\partial t} \begin{pmatrix} v_+ \\ v_- \end{pmatrix} = \begin{pmatrix} i\sqrt{-\Delta} & 0 \\ 0 & -i\sqrt{-\Delta} \end{pmatrix} \begin{pmatrix} v_+ \\ v_- \end{pmatrix}$$

が得られます．これは，要するに二つの方程式

$$\frac{\partial v_\pm}{\partial t} = \pm i\sqrt{-\Delta}\, v_\pm$$

のことにすぎません．$v_\pm(0, x) = \varphi(x)$ を初期値としてこれをあたかも常微分方程式であるかのように解くと

$$v_\pm = e^{\pm it\sqrt{-\Delta}} \varphi$$

と表示できますが，この右辺は擬微分作用素

$$e^{\pm it\sqrt{-\Delta}} \varphi(x) = \frac{1}{(2\pi)^n} \iint e^{i(x-y)\cdot \xi} e^{\pm it|\xi|} \varphi(y)\, dy d\xi$$

として意味を与えることができます．あるいは

$$e^{\pm it\sqrt{-\Delta}}\varphi(x) = \frac{1}{(2\pi)^n} \iint e^{i((x-y)\cdot\xi \pm t|\xi|)} \varphi(y)\, dy d\xi,$$

としてフーリエ積分作用素とみなすこともできます．これを用いて，もともとの波動方程式の初期値問題の解を構成することは容易です．例えば，初期値 $u(0,x) = f(x)$, $\partial u/\partial t(0,x) = 0$ のもとでの解は，

$$u(t,x) = \frac{1}{2}(e^{it\sqrt{-\Delta}} + e^{-it\sqrt{-\Delta}})f(x)$$

で与えられることが分かります．これが波動方程式の初期値問題におけるフーリエ積分作用素を用いた解の表示法ですが，一般の双曲型方程式の場合にも同様の表示を与えることができます．

じつは，t を固定するごとに，この作用素はソボレフ空間 H^m 上で有界です．すなわち f によらない定数 C が存在して，不等式

$$\|e^{\pm it\sqrt{-\Delta}}f\|_{H^m} \leq C\|f\|_{H^m}$$

が成立します．この結果自身はフーリエ積分作用素を用いなくてもエネルギーの方法からも得ることができます．

しかし宮地や Seeger-Sogge-Stein の結果の証明において必要なのは，H^m 上での有界性ではなく C^m 上の性質であって，いいかえれば

$$\|e^{\pm it\sqrt{-\Delta}}f\|_{C^{m'}} \leq C\|f\|_{C^m}$$

が成立するなるべく大きい m' を求めることが問題となります．そして彼らの結果は，この値が $m' = m - (n-1)/2$ であることを述べていることになります．

このことを証明するのに，彼らはハーディ空間の理論を有効に用いました．ハーディ空間とはもともとは正則関数の境界値とし

ての関数空間であり，複素関数論の研究分野でしたが，Fefferman と Stein は 1972 年にこれを複素関数を経由しないで実関数として直接特徴づける理論を打ち立てました．これを契機として他の様々な関数空間との関係も見出され，重要な作用素の有界性がずいぶんと見通しよく理解されるようになりました．これらの成果から，たとえば C^m 上での作用素の性質はハーディ空間上での性質から導かれることなども分かります．

さらに，1978 年の Latter によるハーディ空間のアトム分解の理論は画期的でした．アトムとはその一つ一つがある共通の非常に良い性質をもった関数のことであり，ハーディ空間に属する関数はアトムの線形結合として表現されます．したがって，作用素のハーディ空間上での性質を調べるには，アトムを作用させるとどうなるかを調べればよいことになります．しかもアトムの持つよい性質が，この作業を非常に楽なものへと変えてくれます．実際に宮地や Seeger-Sogge-Stein も，フーリエ積分作用素に対してこの作業を行うことにより定理を証明しています．前節において双曲型方程式の解の正則性に関する基本的な結果が 1991 年になるまで解決しなかったことは不思議であると述べましたが，その解決のためには，双曲型方程式とはまったく関わりのないところで発展していたハーディ空間の理論が必要であったことを考えれば，あるいは必然的なことだったのかもしれません．

Fefferman と Stein たちが作り上げたハーディ空間の理論は，調和解析という分野に属するものです．このように，偏微分方程式論の問題の解決のために調和解析の発展を待たざるを得なかった例は，他にもたくさん存在します．たとえば，流体力学の基礎方程式であるナビア・ストークス方程式や調和写像などの変分問題からくる非線形方程式においても，ハーディ空間の理論が有効

に用いられています．また非線形の波動方程式などにおいても，調和解析の手法を用いることにより既存の結果が飛躍的に改良されるようになりました．

現在の偏微分方程式論の研究は，調和解析における成果の融合という流れの真っただ中にあります．とくに非線形の問題におけるその重要度は量り知れません．私が研究者としての駆け出しのころには，調和解析を意識して偏微分方程式を研究するというスタイルはあまりなかったように思います．おかげで重要な問題が見過ごされたままになっていたことも多かったわけで，反省すべきことも多いように思います．

5　エゴロフの定理とシュレディンガー方程式

最後にフーリエ積分作用素に関する，もうひとつの重要な応用について説明したいと思います．それは偏微分方程式を別の偏微分方程式に変換する道具としての側面です．

以下の特別な場合の擬微分作用素とフーリエ積分作用素を考えましょう：

$$A(X,D)u(x) = \frac{1}{(2\pi)^n} \iint e^{i(x-y)\cdot\xi} A(x,\xi) u(y)\, dy d\xi,$$

$$Iu(x) = \iint e^{i\phi(x,y,\xi)} u(y)\, dy d\xi.$$

前者は，$A(x,\xi)$ から定まる擬微分作用素という意味で $A(X,D)$ という記号を使っています．このとき次の「エゴロフの定理」とよばれる関係が成り立ちます．これは，ϕ から定まる集合

$$C_\phi = \{(x,\phi_x,y,-\phi_y); \phi_\xi = 0\}$$

が局所的に $\{(x,\xi),\chi(x,\xi)\}$ と関数 $\chi(x,\xi)$ のグラフの形に表現できるとき，$B(x,\xi) = (A \circ \chi)(x,\xi)$ として関係式

$$I \cdot A(X,D) = B(X,D) \cdot I$$

が (誤差項をともなって) 成立するというものです．したがって，もし作用素 $B(X,D)$ の性質を考察したければ，$\phi(x,y,\xi)$ をうまく選んでエゴロフの定理を用いることにより，性質がよく調べられている別の作用素 $A(X,D)$ の考察に帰着するという方法が可能となります．このような理論は，超局所解析という分野に属しています．

ここで，同様な発想にもとづく日本人によるすぐれた仕事に触れておかなくてはなりません．エゴロフの定理を具現化するために Hörmander がフーリエ積分作用素の理論を整備していたのと同じころ，それとは独立に佐藤幹夫，河合隆裕，柏原正樹による「量子化接触変換」とよばれる手法が導入されました．そしてこれを用いることにより，偏微分方程式系は非常に単純ないくつかの標準形の組み合わせに帰着されることが示されたのです．これにより，方程式が解けたり解けなかったりするのはすべてこの標準形の性質によるものであると理解できるようになりました．その精神はエゴロフの定理と同じものなのですが，このように偏微分方程式系そのものの構造までを解き明かした成果は非常に美しく，日本人の手による世界に誇れる理論のひとつとなっています．

私は学生の頃 Hörmander 流のフーリエ積分作用素のほうを勉強しておりましたので，この「量子化接触変換」についてはきちんと勉強する機会はありませんでした．それでもその述べている精神は理解できましたので，理屈抜きで「かっこいい」と感じたのを覚えています．そして，このようなかっこいい数学をいずれは

自分でも作りたい思っていたものです．しかしながらそのような学生時代の夢はあくまでも夢物語で，そのうちそんなことを考えていたことすらすっかり忘れてしまい，やがてはもっと身近な問題に振り回されるのみの研究生活へと入り込んでいったわけです．

年月は流れて，私はひょんなことからシュレデインガー方程式の「平滑化効果」についての数学的側面を研究するようになっていました．シュレデインガー方程式とは量子力学の基本方程式で，量子状態における粒子の存在確率の時間発展を記述するものです．もっとも単純化したものを記しておくと，これは

$$i\frac{\partial u(t,x)}{\partial t} = \Delta u(t,x)$$

と表現されます．ここでもラプラシアン Δ が登場します．たとえば時刻 t での粒子の領域 E での存在確率は

$$\int_E |u(t,x)|^2 \, dx$$

により与えられます．したがって全領域での存在確率，

$$\int_{\mathbb{R}^n} |u(t,x)|^2 \, dx$$

は時間 t によらず常に一定値となります．また方程式の両辺を m 回微分したものに対し同じ事実を適用することにより，初期値 $u(0,x)$ がソボレフ空間 H^m に属していれば，$u(t,x)$ も各時刻 t ごとに x に関して H^m に属することが分かります．ところが不思議なことに，この $u(t,x)$ を時間に関して積分平均すると，なぜかより狭い $H^{m+1/2}$ に属することが示されます．いわば 1/2 次だけ滑らかさが増大したことになりますので，この現象のことを平滑化効果とよぶのです．

このシュレデインガー方程式の平滑化効果については，1980年代の終わりごろからさまざまな人たちによる研究が知られており，現在もなおその応用も含めて盛んに調べられています．私は最近の研究で，この現象の解析にはエゴロフの定理を用いて標準形の場合に帰着させる方法が有効であることに気が付きました．そして，この平滑化効果の解析が標準形の場合の考察に帰着されること，さらにそれはルベーグ測度の平行移動の不変性などの根源的性質と同等であることなどを明らかにすることができました．

　この着想に至る際，佐藤，河合，柏原による方程式の構造を標準形が定めていることを示す定理を思い出したことがそのきっかけとなったわけで，若い頃には何でもいろいろと聞きかじっておくものだとしみじみと実感しています．ただこのアイデアを具現化するためには，フーリエ積分作用素のソボレフ空間における有界性をこの問題に応用できる形で示しておかなければなりませんでした．驚いたことに，すでに40年近くの歴史をもつフーリエ積分作用素に対するこのような基本的な事柄がこれまで誰によっても示されておらず，自分で構築することを強いられようとは夢にも思いませんでした．あまり楽しい作業ではありませんでしたが，若い頃の夢がいま実現されるかもしれないというささやかな期待感に支えられていたのは事実です．

　ただし，偏微分方程式の解のある種の積分量を調べる問題において，このように標準形に帰着させてから議論する方法論が有効な手段として認められるためには，平滑化効果の研究に限らずもっと多くの問題に対してこの手法を適用してみせなくてはなりません．幸いこのアイデアはかなりの汎用性を持っていますので，今後これを頼りにいろいろな問題を手がけていこうと考えています．その際やはり調和解析の手法をいかにうまく用いるかが，そ

の成否の鍵を握っているようです．

6　エピローグ

縁というものは不思議なもので，かって Kumano-go すなわち熊ノ郷準先生が活躍の場とされた大阪大学に，私自身 17 年間も奉職させていただく機会がありました．もちろん私が赴任したのは熊ノ郷先生が亡くなられてから随分と月日が流れてからのことですので，私が心の中で感じている「縁」とは他人からみればまったく実体のないものでしかありません．

そうはいっても，これまで熊ノ郷先生に教えを受けた多くの人たちに出会いました．ここで述べてきたことの大半は，そういった人たちから無意識のうちにも学んだこと，あるいはそれをヒントに自分で考えたことなどをまとめたものにすぎません．こうして振り返ってみると，Kumano-go には間接的ながらも大きな影響を受けているのだなと感じさせられます．そして，いま熊ノ郷先生が亡くなられた年齢に差し掛かって，自分は果してどこまで Kumano-go に近づくことができたのだろうかなどと考えたりもします．もちろん「足元にも及ばない」という答えが，即座に返ってくるのではありますが ‥‥．

参考文献

[1] Hörmander, Lars, *The Analysis of Linear Partial Differential Operators III, IV*, Springer-Verlag, Berlin, 1985.

[2] Hörmander, Lars, Fourier integral operators. I, Acta Math. 127 (1971), 79–183.

[3] Kumano-go, Hitoshi, *Pseudo-differential operators*, MIT Press, Cambridge, Mass.-London, 1981.

[4] Sogge, Christopher D., *Fourier integrals in classical analysis*, Cambridge University Press, Cambridge, 1993.

[5] Stein, Elias M., *Harmonic analysis*, Princeton University Press, Princeton, NJ, 1993.

[6] Trèves, Francois, *Introduction to pseudodifferential and Fourier integral operators. Vol. 1, 2*, Plenum Press, New York-London, 1980.

[7] 柏原正樹，河合隆裕，木村達雄『代数解析学の基礎』，紀伊國屋書店，1980.

冒頭に出てきた Kumano-go の本は，文献表の [3] としてあげてあります．擬微分作用素やフーリエ積分作用素に関するより詳しい事柄については，[1] または [6] をみるとよいでしょう．あるいは Hörmander による原論文 [2] に直接当たるのもよいかもしれません．調和解析のうち，フーリエ積分作用素に関わる事柄は [4] や [5] に説明してあります．また，佐藤，河合，柏原の理論は [7] で解説してあります．

幾何を「測って」調べよう
― 幾何学的測度論について ―

利根川吉廣

1 大学院,そして研究分野との出会い

「数学者として将来やっていけるだろうか?」という疑問の答えを探すため,学部4年生の時に米国のある大学に留学しました.研究者になるならば米国の学生達や教育環境の状況を見てから判断するほうがよいだろう,とそのときは考えていました.そこで必死に勉強してある程度の手ごたえを感じた私は,同じ米国で大学院に行く事にしました.解析が好きだったのは'応用'や'具体的な問題'に近いかなあ,という漠然とした理由でした.10以上の大学院に応募したのですが,解析や応用数学で有名なニューヨーク大学クーラン研究所に入学許可をもらったときにはとても興奮しました.スタンダードな偏微分方程式の教科書に載っている「Lax-Milgram の定理」や「Gagliardo-Nirenberg-Sobolev の定理」で,名前だけは聞いたことのあった Peter Lax や Luis Nirenberg がその当時現役でいたところです.

入学意思表示の前,1989年の多分2月ごろだったと思いますが,ニューヨークに一学部学生である私を招待していただき,Henry

McKean, Robert Kohn, Percy Deift 各先生と一対一でお話する時間を用意までしてもらいました．(念のために言っておくと，これは私に対する特別なことではなく，米国の大学院では入学許可を与えた学生に対して勧誘のためよく行われていることです．) その当時これがどんな豪華メンバーによる大学院勧誘であったかはっきりと理解できていなかったと思いますが，このことでとにかくここに来て必死に勉強するしかないと思い込みました．ちなみにその時 McKean 先生に，「数学オリンピックの問題ができることと数学者になることは違う事だよ，僕も苦手だよ」と言われ，数学者になれるか不安だった私に自信を少しつけてくれました．数学とは関係ないことですが，研究所 13 階にある大講義室の壁の一方がガラス張りになっていてマンハッタンが一望でき，間近にエンパイアステートビルが見えることを非常にかっこよく思いました．

そんなこんなで入学した大学院の 1 年目に，Fanghua Lin 先生の幾何学的測度論 (英語では Geometric measure theory) の講義が 1 年間ありました．内容としては (後で一部説明する) 整カレントの理論，有界変動関数，面積最小カレントの正則性理論，それから非線形変分問題 (特に調和写像や自由境界問題) へのさまざまな応用についてでした．その講義自体は難しくてなかなかついていくのも大変だったのですが，幾何と解析にまたがるとても魅力的な分野に思え，また Lin 先生自身がとても活発にさまざまな分野で活躍していましたから，私もそれを研究したいと思うようになりました．

また同時期に受けていた伝説的とも言える Nirenberg 先生の偏微分方程式の講義も私にとって大きな影響がありました．先生は厳しい中にもユーモラスな方で，講義は偏微分方程式に対する私の

興味を開眼させてくれた，と言っても過言ではありません．幾つか印象に残ることで今でも最もよく覚えているのは，ある技術的だが有用な定理 (Hopf の補題) を証明しているときに，「I LOVE little trick! (小手技−またはちょっとした芸当−大好き！)」とうれしそうにおっしゃった事です．壮大な理論も意外と鍵となる賢い little trick を積み上げてできるものかもしれない，自分でもできるかもしれないなあとその時思えました．

さて専門の幾何学的測度論ですが，そこで開発されたさまざまな技術は，幾何・解析・応用数学にわたる大変広い専門領域に陽に陰に関係して，現在でも多くの数学者が研究を活発にしています．一方で，数学を専門にしている人でもなければ，この幾何学的測度論がどのようなものであるか，なかなか見当もつかないでしょう．実は数学者の間でも，とても技術的で難しい理論である，というような印象がある分野で，その内容は専門外の人にはあまり知られていないかもしれません．ここでは私が面白いと思っている幾何学的測度論に関する基礎的かつ重要な事柄，特に曲線や曲面の収束について背伸びした高校生にもわかるように説明し，それに関係する私自身の研究についても述べたいと思います．

2　測度とは

"幾何学的"ということから，幾何と関係していることは分かると思いますが，"測度論"は数学専攻の大学生でも 3 年生か 4 年生の時に履修するので聞きなれない言葉である可能性が高いと思います．ですから簡単に平面上の測度を例に，測度について説明します．

平面内の長方形，平行四辺形，円や楕円などは幾何の対象です

が，一方でそれらには定量的な面積や長さの概念があります．また高校で習う定積分を使うと，グラフで上下を囲まれる図形の面積や，パラメター付けされた曲線の長さが計算できます．測度の中でも代表的な **2 次元ルベーグ測度** $\mathcal{L}^2$ は，**平面上の図形を入れるとその図形の面積を答えとして出す関数**と考えられます．ただ高校までに習う面積と趣が異なる点は，それがどんな複雑な図形に対しても面積を答えとして出してくれるものである点です．フラクタルなどの面積も $\mathcal{L}^2$ は答えを出してくれます．

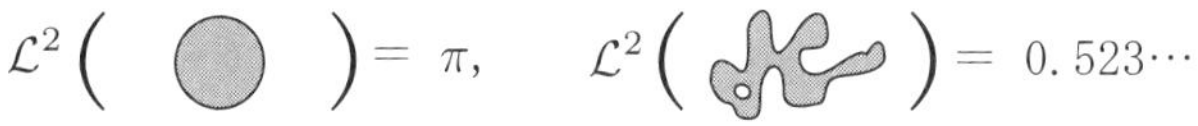

$$\mathcal{L}^2\left(\ \bullet\ \right) = \pi, \qquad \mathcal{L}^2\left(\ \text{※}\ \right) = 0.523\cdots$$

図 1

もう一つ別の測度で大切な例として挙げるのは **1 次元ハウスドルフ測度** $\mathcal{H}^1$ です．これは平面内の曲線を入れるとその曲線の長さを答えとして出す関数です．曲線だけでなく，$\mathcal{H}^1$ は複雑な集合の長さも測ることができるように定義されています．大まかな定義をいうと，$\mathcal{H}^1$ が集合 A の長さを測る方法は，まず無限個の小さな円 $D_1, D_2, \cdots$ を使って (大きさはいくら小さくてもよいです) なるべく重なりが少ないように A を覆います ($A \subset (D_1 \cup D_2 \cup \cdots)$)．これら円の直径がそれぞれ $d_1, d_2, \cdots$ であったとすると，その和 $d_1 + d_2 + \cdots$ を求めます．覆う円の大きさをどんどん小さくしていきます．さまざまな覆い方がある中で，この和の最小値が (かなり大雑把ですが) $\mathcal{H}^1(A)$ です．こうするとある長さのような量が出ることが想像できると思います．

これらは平面上の話ですが，一般 n 次元空間でも同様な測度が定義できます．例えば 3 次元空間内の 2 次元ハウスドルフ測度

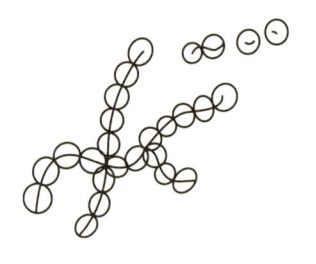

図 2

$\mathcal{H}^2$ は集合の曲面積を測ります．測度が少し分かったところで簡単に言えば，**幾何学的測度論とは測度という定量的な概念を用いて幾何学的な対象を調べる理論**です．定積分で面積や曲線の長さが測れたことを思い出すと，これは幾何学と解析学にまたがる分野であることがおぼろげに分かると思います．

3 修正可能集合

幾何学的測度論では図形といってもフラクタルなどの複雑で謎めいた図形もはじめから仲間はずれにしていません．ここが幾何学的測度論のおもしろいところで，普通の幾何と違ってまずは一般的な n 次元空間の部分集合とは何であるか，次元とは何か，という深遠な観点から出発します．これら幾何学的測度論の '源流' ともいえる基礎的研究は 1928 年に掛谷の問題の解を与えた事で特に著名な Besicovitch によるところが大きく，それらを 1950-60 年頃に一般次元に拡張した Federer 達が幾何学的測度論の創始者となったといえるでしょう．

さて平面内にある集合 A が $\mathcal{H}^1(A) < \infty$ であるとします．つまり上で説明したように，A は無限個の円で覆って測ったときの

長さが有限な集合である，ということです．このとき，A はいわゆる私達が普通に考える "曲線" のようなものでしょうか？

じつはそうとは限りません．この問いに答えると共に，幾何学的測度論を論ずるにあたって避けられない重要な概念のひとつに **修正可能集合** (rectifiable set) があります．集合 A が 1-修正可能集合であるとは，1 回連続微分可能 (C^1) のパラメター付けを持つ曲線 $l_1, l_2, \cdots$ を使って $A \subset (l_1 \cup l_2 \cup \cdots)$ とできるときです．無限個の曲線に含まれているので違和感があるかもしれませんが，それ以外では私達が普通持っている "曲線" のイメージに近いものです．(注：本当は零集合の存在も許しますがここでは理解のため無視します．)

この覆っている曲線 $l_1, l_2, \cdots$ の長さはそれぞれ曲線の長さの公式

$$\int_{[0,a]} ||\boldsymbol{\sigma}'(s)|| \, \mathrm{d}s$$

($\boldsymbol{\sigma} : s \in [0, a] \to \boldsymbol{\sigma} = (x(s), y(s))$ は C^1 のパラメター付け) を使って計算できますから，A の長さもその部分集合としてやはり積分で計算できます．

それから $l_1, l_2, \cdots$ が C^1 の曲線であるために接線を各点で持ちますが，そのため A 自体もほとんどの点で一意の測度論的な接線である **概接線** (approximate tangent line) を持ちます．"測度論的な" と言ったのは，曲線 $l_1, l_2, \cdots$ が重なり合ったりしているところがあったり，曲線の中で A が散り散りになっていたりすることがあるために，接線を定義するには積分を通じた定義が必要なためですが，ここではあまり気にしないでください．ポイントは 1-修正可能集合ならばほとんどの点で意味ある "接線" が

定義できるので，測度論的な扱いをすることだけ注意すれば C^1 曲線と見なせる，ということです．

さて先ほどの問いに戻ります．$\mathcal{H}^1(A) < \infty$ であるとき，A は $A = A_1 \cup A_2$ と互いに素な集合に分解できます．ここで A_1 は 1-修正可能集合で，A_2 は 1-修正可能集合を一切含まない集合で，**1-純非修正可能集合** (1-purely unrectifiable set) と言います．A_2 はフラクタルのようなもので，接線などの概念がまったく通用しない集合です．つまり線形近似ができない図形，ということで，扱いが難しいです．普通の幾何に近い話をやろうとすると，この純非修正可能集合はなるべく出てこないとありがたいのですが，修正可能集合の列のある種の極限を考えたときには後で説明するように出てきてしまう可能性があります．

以上の話は平面上の 1 次元的な集合の話でしたが，一般 n 次元空間における有限 k 次元測度集合 ($\mathcal{H}^k(A) < \infty$) についてもやはり k-修正可能集合が同様に定義されます．この場合，曲線といっていたところを k 次元曲面，接線といっていたところを k 次元接平面と言い換えるなどのことがありますが，大体同じです．k-修正可能集合が測度論的には C^1 の k-次元多様体のように見なせるところも同じです．ちなみに，最近では無限次元空間における幾何学的測度論も Ambrosio 等によって研究されていますが，その場合には '同じように' というわけにはいかないようで，それはそれで大変興味深いです．無次元空間での議論が単なる抽象化かと思われるかもしれませんが，その理論は例えば Gromov の systoric inequality の証明と関係していたりします．

ここまで修正可能集合について説明しましたが，何となく分かっていただきたいのは，幾何学的測度論は幾何をやるにしても部分集合から始まるかなり一般的な枠組みででき上がっていると

いうことです．それだけに汎用性も広く，さまざまな分野で応用される理由となっています．

4　汎関数との対応

幾何学的な対象をどう見るかについて，ひとつ大切な例を挙げます．平面上の 1-修正可能集合 l を与えられたとします．このとき，平面上に定義された連続関数 f に対して $L_l(f) = \int_l f \, \mathrm{d}\mathcal{H}^1$ として定義します．l はある無限個の C^1 曲線 $l_1, l_2, \cdots$ に含まれていますから，この積分はこれら曲線に沿った f の積分をすべて足しあわしたものです．ちなみに $f = 1$ として計算した $L_l(1)$ は l の長さそのものになります．

逆に，元々 l が未知の集合であったとします．このとき，$L_l(f)$ の値がすべての連続関数 f に対して分かったとすると，その情報から l を決定できます．ですからこの L_l は l と積分を通じて一対一の対応をしているのです．この L_l のような，関数を独立変数にとる関数を一般に**汎関数**といいますが，曲線 l をここではひとつの汎関数に対応させているということです．同じように，k-修正可能集合 A についても積分 $\int_A f \, \mathrm{d}\mathcal{H}^k$ を通じてやはり汎関数 L_A に対応させます．

5　曲線・曲面の収束

さて，このような対応を考えると良いことがあります．それは曲線や曲面の収束に関しての一般的な枠組みができることです．有名なボルツァノ-ワイエルシュトラスの定理は，有界な任意の

数列は収束する部分列を含むことを保障します．この定理は解析学の基本的な定理で，大変重要なものです．

この"点列"を，"曲線"や"曲面"で置き換えたらどうでしょう．次の質問を考えてください．長さが 1 以下の任意の曲線列 $l_1, l_2, \cdots$ を考えます．このとき必ず適当な意味で収束する部分列はあるでしょうか．同じような質問で，3 次元空間内の面積が 1 以下の任意の曲面列 $A_1, A_2, \cdots$ は収束する部分列を持つでしょうか．この"収束する"というのはどう理解したらよいかが問題になります．じつは，曲線や曲面を汎関数として見ると，不満足ながらこれら質問への答えは肯定的です．

曲線 $l_1, l_2, \cdots$ に上に説明したように汎関数 $L_{l_1}, L_{l_2}, \cdots$ を対応させます．このとき汎関数の大変便利な一般的性質によって，ある部分列 $L_{l_{i_1}}, L_{l_{i_2}}, \cdots$ とその極限汎関数 L が存在して，$\lim_{j\to\infty} L_{l_{i_j}}(f) = L(f)$ がすべての連続関数 f に対して成り立ちます (ただし，f は無限遠近傍では 0 の関数です)．これは汎関数の弱コンパクト性という性質です．よってこの意味では収束する曲線の部分列がいつでも存在することが保障されます．

他方，この極限で得られた L は一般的には単に"連続関数上の汎関数"でしかありません．審美的かつ幾何学的には，この極限 L がある曲線 l に対して $L = L_l$ といつも対応していれば素晴らしいです．

同様に，曲面列の収束先の汎関数がある曲面 A に対して $L = L_A$ となっていたら役立ちそうです．残念ながら，長さや面積が有限だというだけでは極限の汎関数が曲線や曲面に対応しているとは保障できません．曲線の極限は散り散りのフラクタルのようなもの (純非修正可能集合) になってしまうかもしれないし，曲面

の極限は3次元空間全体に広がった曲面とはおよそ程遠いものにもなりえるのです．

6　変分法との係わり

なぜ収束する部分列にこだわるか，ということについて触れておきます．これはさまざまな変分法への応用が念頭にあることが第一の理由です．1つ簡単な例を考えます．ドーナツのように，穴の1つ開いた形が与えられたとします．表面はでこぼこしていてよいし，ドーナッツを伸ばしたり曲げたりして変形させたものでもよいです．曲線をこの穴をくぐらせて輪を作ります．このとき，穴をくぐる輪の中でもっとも短い長さの輪は存在するでしょうか．「まあ，あるでしょう」というのは自然な答えだと思いますが，数学的にきちんと存在を示せと言われれば，以下のように考えられます．

穴をくぐる輪の曲線すべてを含む集合を $\mathcal{S}$ と名づけます．このとき，もしある $l \in \mathcal{S}$ が $\mathcal{S}$ の中で最小長さを持っていればそれで存在は示せたことになるのですが，最初からそのような輪があるとは言い切れません．そこで，とにかく1つ輪 l_1 を $\mathcal{S}$ から選んで長さを測ります．もしそれが最小長さであればよいですが，そうでなければより短い輪 l_2 を選びます．それが最小でなければより短い l_3 を選ぶ，こうやって次々に繰り返していって，最小長さに長さが近づいていくような輪の列 $l_1, l_2, \cdots$ を構成します．

このとき，この列がある輪 l に収束していれば，元々この輪の列は最小長さに近づいているわけですから，その l が最小長さの輪であると言えそうです．このような方法を変分法の直接法とよびますが，ここでキーポイントとなるのはこの最後の収束の部分(コンパクト性)です．

幾何を「測って」調べよう (利根川吉廣)　　129

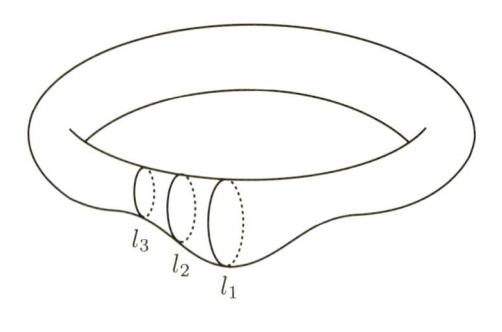

図 3

7 足りない情報

　曲線の列の収束の話に戻ります．長さが 1 以下の曲線の列，というだけでは汎関数を使って得られた極限がある曲線に対応しているとは保障できないのですが，できれば極限も曲線であるような状況になって欲しい．そこでここまでで何が足りないかを考えます．$l_1, l_2, \cdots$ はイメージとしては一本の紐のようなイメージですが，長さが 1 以下であるというだけではそれが「紐のようにつながっている」という情報を含んでいません．

　また曲面の列を考えるときでも，布の切れ端のようにばらばらになっているかどうかについては，面積だけに注目していたら何も情報が伝わりません．ですから，どの程度つながっているかを測る量に注目するとよいことが推測されます．それから極限では曲線が重なり合ってしまうこともあるでしょうから，そのような重なり合いも内包した概念が適切であることが推測されます．前出の L_l は平面上の連続関数上の汎関数でしたが，この点を工夫します．つながり具合を測る枠組みは大雑把に言って 2 つあります．それらは整カレントの理論と整バリフォールドの理論です．

8 整カレントの理論

曲線 l に対して上記の $L_l(f)$ は,その曲線に沿った f の積分でした.カレントの考え方は,l にまず "向き付け" を与えます.これは曲線の場合で言えば,2 つの端点のどちらかを始点,もう一方を終点と決めることです.こうすることで,l の各点において,始点側の方向と終点側の方向が自然と決まります.パラメター付けも,自然に $\boldsymbol{\sigma}(0) =$ 始点,$\boldsymbol{\sigma}(a) =$ 終点としておきます.簡単のため,以後,曲線は弧長パラメター付けされている $((x'(s))^2 + (y'(s))^2 = 1)$ とします.カレントの最大の特徴は,l を 1-微分形式を独立変数にとる汎関数として考えることです.

1-微分形式とは,

$$\omega = \phi\, dx + \psi\, dy$$

(ϕ,ψ は滑らかな関数) の形で書ける文字どおり形式的なものです.それに対し

$$K_l(\omega) = \int_l \omega = \int_0^a \{\phi(\boldsymbol{\sigma}(s))x'(s) + \psi(\boldsymbol{\sigma}(s))y'(s)\}\, ds$$

として,1-微分形式の積分を定義してやります.演算的には $dx = x'(s)\, ds$ 等と考えています.ここで $(x'(s), y'(s))$ は l の長さ 1 の接ベクトルで,終点の方向を向いているものです.L_l と異なる注意すべき点は,$(x'(s), y'(s))$ は接線方向を指しているために,K_l は l の接線の情報を暗に取り込んでいるところです.

さて,長さが 1 以下で,向き付けされかつ端点が 2 つしかない曲線列 $l_1, l_2, \cdots$ を再び考えます.このとき対応する $K_{l_1}, K_{l_2}, \cdots$ は (汎関数の一般的性質から) 収束する部分列と極限汎関数 K を持ちます.つまり,任意の 1-微分形式 ω に対して,

$$\lim_{j \to \infty} K_{i_j}(\omega) = K(\omega)$$

が成り立ちます．このとき以下のすばらしい 1960 年の定理は極限の汎関数 K が一般化された "曲線" であることを示しています．

整カレントのコンパクト性定理 (Federer-Fleming) 簡易版

ある 1-修正可能集合 l と整数値関数 N が存在して，

$$K(\omega) = \int_l \{\phi(x) T_1(x) + \psi(x) T_2(x)\} N(x) \, \mathrm{d}\mathcal{H}^1(x)$$

と表現できる．ただし $(T_1(x), T_2(x))$ は l の x における概接線に含まれるベクトル．

この定理は極限 K が，l という曲線で表現されることを保障しており，結果として，$l_{j_1}, l_{j_2}, \cdots$ が l に汎関数として収束していることを示しています．

整数値関数の N があるのは，曲線が極限で重なり合ったりすることも許しているためで，多重度関数とよばれます．また，l が 1-修正可能集合であるために，接線をほとんどの点で持つことも注意します．

定義が遅れましたが，このような形で表現される汎関数が大雑把に言って 1 次元の整カレントです．この定理は一般次元でも同様な形で成り立ちます．曲面の場合であれば，向き付けとは，面のどちらかを表，もう一方を裏と決めることです．向き付きされた曲面の列が，面積がそれぞれ 1 以下，そして曲線の境界が端点 2 つということに対応する量として，曲面の境界の長さがそれぞれ例えば 1 以下であるとします．向き付けされた曲面は (定義しませんが) 2-微分形式を独立変数としてとる汎関数と同一視でき

ます．このとき，曲線と同じようにある部分列と極限が存在して，極限の汎関数は同じようにある 2-修正可能集合と多重度関数によって表現されます．つまり曲面の列があったとき，その極限もちゃんと曲面として表現できるわけです．

この定理を含む Federer と Fleming の論文は「任意に向き付けされた閉曲線 l を与えたとき，l を境界に持つ曲面の中で最小の面積を持つ曲面の存在を示せ」という，いわゆるプラトー問題の一般次元版問題のブレークスルーになりました．整カレントの集合の中で面積が最小に近づいていく曲面の列を作っていって，収束する部分列を取ります．この定理のおかげでその極限も整カレントになるので，最小面積を持つ整カレントの存在が示せるという具合です．

ただ，このアプローチには幾つか問題があります．ひとつだけ挙げておくと，整カレントは向き付けされていなければならない点です．例えば石鹸膜を考えたとき，自然な表面と裏面はありません．この向き付けが無い場合に有用な整バリフォールドの概念について次に説明します．

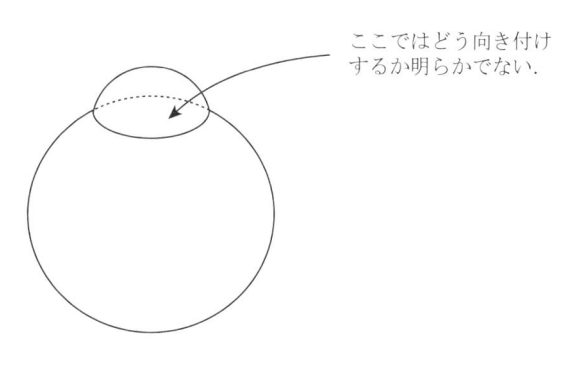

図 4　石けん膜

9　整バリフォールドの理論

ここでは整バリフォールドの定義は与えないで，1 つ例を考えてみます．平面上に曲線 l_k を

$$\boldsymbol{\sigma}_k(s) = \left(2\pi s, \frac{1}{k}\sin(2\pi k s)\right) \ (k=1,\,2,\,\cdots,\,s\in[0,1])$$

として定義します ($k=2$ で図を描いてみてください)．この曲線の長さは計算すると分かりますが，すべての k に対して同じ値の $c = \int_0^{2\pi} \sqrt{1+\cos^2(s)}\,ds$ となっており，c は 2π よりも大きく，$2\pi\sqrt{2}$ より小さい値です．

一方でこの曲線は $k \to \infty$ としたとき，集合としては x 軸の $[0, 2\pi]$ 区間 ($I = [0, 2\pi] \times \{0\}$) に収束していますので，直線 I に収束していると言えます．ですから，極限 I の長さは 2π である一方，それに収束する l_k の長さはそれよりも大きな c になっていて，$\lim_{k\to\infty} L_{l_k}(1) = L_I(1)$ ではありません．ちなみに l_k をカレントであると思って見ると，$\lim_{k\to\infty} K_{l_k}(\omega) = K_I(\omega)$ が任意の 1-微分形式に対し成り立っていて，極限は区間 I であると言えます．この違いはどう出てきたのでしょうか．

カレントの場合，曲線が上下に振動している部分は向き付けが逆になるので微分形式を積分するとちょうど消しあってしまいます．一方，L_{l_k} は上下の振動もすべて取り込んでしまうので，極限は 2π の長さであるべきなのに長さ $2\pi < c < 2\pi\sqrt{2}$ の "分数的な" 直線になってしまいました．この分数的な直線は幾何学的にはあまりうれしくない対象です．

このような曲線の極限が出てこない保障を次に与えます．明らかな問題は，この "振動" であることが想像できるので，あまり

振動しないような保障を与えれば曲線列は曲線に収束することが予想できます．曲線 l に対して幾何学的に自然な量としては，長さ以外に**曲率** (H_l) があります．曲率は曲線の各点で計算できる量で，曲線がその点でどの程度曲がっているかを表します．例えば，半径 R の円周であれば，その曲率は $1/R$ です．R が小さくなれば，円周の曲がり具合がきつくなるので，曲率は大きくなります．技術的なことを除くため，閉曲線 (始点と終点が同じ曲線) の列 $l_1, l_2, \cdots$ を考えます．このとき以下の定理が成り立ちます．

整バリフォールドのコンパクト性定理 (Allard) 簡易版

仮定として，$l_1, l_2, \cdots$ の長さは 1 以下で，またある数 C に対して $\int_{l_k} |H_{l_k}| \, \mathrm{d}\mathcal{H}^1 < C$ がすべての $k = 1, 2, \cdots$ に対して成り立つとします．このときある部分列 $l_{i_1}, l_{i_2}, \cdots$ と，1-修正可能集合 l および整数値関数 N が存在して，任意の連続関数 f に対して

$$\lim_{j \to \infty} L_{l_{i_j}}(f) = \int_l f N \, \mathrm{d}\mathcal{H}^1$$

が成り立ちます．

つまり，長さが 1 以下の閉曲線の列は，さらに曲率の積分値があまり大きくならないという条件をつけておけば，汎関数の意味で極限の曲線 l に (多重度を許さないといけないですが) 収束していることが保障されます．ちなみに前出の σ_k の曲率の積分値は k に比例した数になることが分かるので，この定理の仮定 (曲率の有界性) を満たしていません．この定理は一般的な k-次元曲面に対しても成り立ちますが，この場合は曲率ではなく，いわゆる k 次元曲面の**平均曲率**の積分値が有界である，という仮定になりま

す．すると極限は曲線のときと同様に，k-修正可能集合と整数値関数とを使って表されるものになることをこの定理は保障します．

整バリフォールドはこのように修正可能集合と整数値関数を使って表されるものです．一般のバリフォールドは接ベクトル束上の測度として定義されるのですが，ポイントとなるのはバリフォールドに対しては変分的に自然な平均曲率が定義でき，それが制御できていれば極限も整バリフォールドになるということです．

バリフォールドは，変分問題におけるエネルギーの低次元集合への集中を捉える道具として大変有用です．このようなエネルギーが集中する集合は一般的にはあまり滑らかな部分多様体であるとは言い切れない一方で，何らかの一般化された多様体の構造を持っていることがあります．例えば物理的には液晶の欠陥や超伝導の渦糸などが良い例です．これら欠陥や渦糸は長さや面積に比例するエネルギーを時として持っており，その変分に対応する量が平均曲率として自然と出てくることが，バリフォールドの有用性につながっているものと考えられます．

10 幾何学的測度論の潮流

幾何学的測度論のトピックをかいつまんで説明しましたが，上記のコンパクト性定理の他に大切なのは整カレントや整バリフォールドの正則性理論です．例えば R^n 内で $n-1$ 次元面積を最小化する整カレントは $n \leq 7$ ではまったく特異点を持たない滑らかな多様体であることが知られています．これは整カレントが元々，修正可能集合という必ずしも滑らかでない集合の上に乗っかっている多様体であることを考えると驚くべき結果です．

この正則性を示すには，まずは整カレントが局所的に C^1 の一

価関数のグラフとして表すことができる，ということを示す必要があります．それには偏微分方程式論やさまざまな新しいアイデアや測度論的な技術が必要で，その証明は大変興味深いものです．1980 年代にはこれら技術が Caffarelli に代表される自由境界問題の進展や，Schoen-Uhlenbeck による調和写像の正則性理論の進展につながったと考えられますし，1990 年代には超伝導モデルの Ginzburg-Landau 方程式の解析や，平均曲率流等の幾何学的時間発展問題の解析など，幾何学的測度論に触発された大きな潮流が現在でも続いています．

11 私の研究について

幾何学的測度論に関係して私が 10 年位取り組んでいる問題は，空間的な相分離状況を表すさまざまなモデル問題の解析です．この相分離状況とは，例えば容器に詰めた水蒸気が水になっている部分と水蒸気になっている部分とに空間的に分かれているような状況ですが，もっと適切なモデルは高分子のミクロ相分離や，2 元合金の相分離などです．

その状況を表すのに，空間変数 x に依存する滑らかな関数 $u(x)$ を導入し，$u(x) \approx 1$ であればその点は水の状態，$u(x) \approx -1$ であればその点は水蒸気の状態，そして 1 と -1 の間の数をとる点は水と水蒸気の混合状態である，というようにします．

このように，各点の相の状態を実数値関数で表す方法を phase field 法と言います．このとき，2 つの相を空間的に分離する薄い界面領域 ($\{u \approx 0\}$ の集合) の界面面積を表すエネルギー (Modica-Mortola エネルギー，Ginzburg-Landau エネルギーなどとよばれている)

$$E_\varepsilon(u) = \int \varepsilon \frac{|\nabla u|^2}{2} + \frac{(1-u^2)^2}{\varepsilon} \, dx$$

はこの界面領域の薄さを表すパラメター $\varepsilon > 0$ がついています.

私が数学的に興味あるのは, このエネルギーが, 界面領域が薄いときには本当に界面の曲面積を近似しているのだろうか? ということです. (スケールの仕方が異なるのですが, $u(x)$ を複素数値関数として考えた場合には, E_ε は超伝導モデルである Ginzburg-Landau エネルギーに対応しています.)

この問題は 1980 年代に, エネルギー最小解に関する研究があり, また 1990 年代にはこの時間発展問題である Allen-Cahn 方程式や, Cahn-Hilliard 方程式が研究されていましたが, 今現在でも極めて基本的なことで分かっていないことが多くあります. 私はさまざまな条件下で, E_ε による界面面積の近似が成立することをバリフォールドの言葉を用いて示しました. ε が小さいときにエネルギーは界面付近に集中する界面測度に近いものになっています. なぜバリフォールドの言葉が必要かというと, 相分離界面は必ずしも滑らかな界面ばかりでもなく, ある程度の特異点を許すようなものも考えなければならないからで, バリフォールドの枠組みがそれにはぴったりであったからです.

これら解析には前出の Allard の定理の証明の "phase field 版" をやり直さなければならなかったりするなど, シンプルなエネルギーながら隠された複雑な構造を知る為には幾何学的測度論がとても有用です. phase field 法を使う大変有用な点として, 表面張力などの界面に関する力と他の力の場 (流速場, 電磁場, さまざまな他の秩序場) との相互作用がある, 時間発展問題の近似解を比較的容易に構成できることがあります. このような複雑で, 特異点を許す一般化された界面を用いなければならない問題の解を構

成する方法は今のところ phase field 法を用いた方法以外は無いか，極めて困難なように思われます．これは数値解析を取ってみてもまったく同じ状況で，さまざまな相互作用問題が phase field 法を用いてモデル化されています．極小曲面の理論がとても深みがあっておもしろいように，E_ε もきっとおもしろいはずだと思っていろいろなことを考えています．

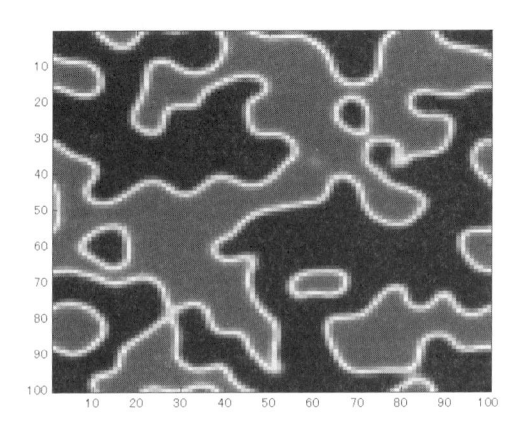

参考文献

[1] Evans, Lawrence; Gariepy, Ronald, Measure theory and fine properties of functions. Studies in Advanced Mathematics. CRC Press, Boca Raton, FL, 1992

[2] Federer, Herbert, Geometric measure theory. Die Grundlehren der mathematischen Wissenschaften, Band 153 Springer-Verlag New York Inc., New York 1969

[3] Hardt, Robert; Simon, Leon, Seminar on geometric measure theory. DMV Seminar, 7. Birkhauser Verlag, Basel, 1986

[4] Lin, Fanghua; Yang, Xiaoping, Geometric measure theory—an introduction. Advanced Mathematics (Beijing/Boston), 1. Science Press, Beijing; International Press, Boston, MA, 2002.

[5] Simon, Leon, Lectures on geometric measure theory. Proceedings of the Centre for Mathematical Analysis, Australian National University, 3. Australian National University, Centre for Mathematical Analysis, Canberra, 1983

参考文献について：

[1] 幾何学的測度論の基礎的かつ有用な事実について明快に説明されているので，ルベーグ測度を学んだ後にすぐ読む本としては最適と思われる．

[2] Federer による大著で，多くの人にとっては参考文献として有用である．まともに最初から読むことは勧めないが，後半の章ごとに読むなら意外と読みやすい．

[3] 幾何学的測度論についての概観を得るためには最良の本といえる．ページ数も短い．

[4] 幾何学的測度論の入門本であるが特に修正可能性について最新結果の説明がある．私が講義を受けていたときのノートを土台にして書かれた本で，1年間の講義でかなりの部分がカバーされた．

[5] 幾何学的測度論の基礎をしっかり学習するためには最良の本である．現在ハードコピーの入手が困難であるが図書館には必ずある本である．

箙多様体をめぐって

中島 啓

　私はここ15年間,箙多様体とよんでいるものを中心に研究している.その研究の源泉となったのが,Lusztig による二本の論文

　G. Lusztig, *Canonical bases arising from quantized enveloping algebras*, J. Amer. Math. Soc. **3** (1990), 447–498.

　――――, *Quivers, preverse sheaves, and quantized enveloping algebras*, J. Amer. Math. Soc. **4** (1991), 365–421.

と,あとでまとめられた教科書

　――――, "Introduction to quantum group", Progress in Math. **110**, Birkhäuser, 1993.

である.ここでは,私の研究を振り返りながら,どのようにこれらの論文を学んで来たかを説明したい.

1 箙の表現

数学的な内容には，あまり入りたくないのであるが，最低限，箙の表現の定義くらいは与えないと，何をやっているのか皆目見当もつかないと思うので，それは説明する．

箙 Q とは，辺に向きの入った有限グラフのことである．頂点の集合を I，向きのついた辺の集合を Ω とする．辺の始点と終点を対応させる写像 $o\colon \Omega \to I$, $i\colon \Omega \to I$ が与えられる．箙 Q の (複素数体 $\mathbb{C}$ 上の) 表現とは，各頂点 $i \in I$ に対して $\mathbb{C}$-ベクトル空間 V_i が与えられ，各辺 $h \in \Omega$ に対して線形写像 $B_h\colon V_{o(h)} \to V_{i(h)}$ が与えられているもののことである．例えばグラフ ○—○—○ の表現とは，ベクトル空間と線形写像の組 $V_1 \xrightarrow{B} V_2 \xrightarrow{B'} V_3$ である．

さらに，箙の表現が二つ，$(V_i)_{i \in I}, (B_h)_{h \in \Omega}$ と $(V'_i)_{i \in I}, (B'_h)_{h \in \Omega}$ が与えられたとき，その間の準同型写像 φ とは，各頂点 $i \in I$ ごとに $\mathbb{C}$-線形写像 $\varphi_i\colon V_i \to V'_i$ が与えられていて，次の図式が可換になっているもののことをいう．

$$\begin{array}{ccc} V_{o(h)} & \xrightarrow{B_h} & V_{i(h)} \\ \varphi_{o(h)} \downarrow & & \downarrow \varphi_{i(h)} \\ V'_{o(h)} & \xrightarrow{B'_h} & V'_{i(h)} \end{array}$$

さらに φ が同型であるとは，各 φ_i がすべて同型であるときをいう．

2　Kronheimer との共同研究

1989 年にバークレーで Kronheimer と出会って，共同研究を行った．

P.B. Kronheimer and H. Nakajima, *Yang-Mills instantons on ALE gravitational instantons*, Math. Ann., **288** (1990), 263–307.

これは，当時の花形分野であったゲージ理論の中で，重要な貢献というわけではないが，ちょっとした佳品というくらいの論文だと思う．ある特別な 4 次元多様体の上の半自己双対接続が，先に述べた箙の表現を用いて記述できるというのが主結果である．

正確には，各矢印に対して逆向きの矢印を付け加えて関係式を課したり，新たなベクトル空間を足したり，いろいろと細かな修正が必要であるが，ここでは細かい点は目をつぶろう．また，半自己双対接続が何かも説明せず，ある非線形偏微分方程式の解のことである，としかいわないことにしよう．これからの筋には必要ないだろう．とにかく非線形偏微分方程式の解は，簡単には分からないようなものであるはずだが，上のような行列の言葉で分類されてしまう，という点がおもしろいところである．

このようなことができるのは，4 次元多様体として特別なものを採用したからで，同じような記述があることが Atiyah-Drinfeld-Hitchin-Manin によって $\mathbb{R}^4$ の上の半自己双対接続の場合に知られており，これを $\mathbb{R}^4$ に似たような 4 次元多様体の場合に行ったのが上の研究である．

このあと，しばらく Kronheimer と，こうして得られた箙の表現をどのようにして調べるか，ということを e-mail でやりとり

した．記憶がはっきりしないが，その当時は，e-mail が使えるようになってほどないころだろうと思う．今のように，一瞬で相手に届くということもなかったが，それでも航空便よりはずっと便利ではあった．

いずれにせよ，しばらくのやりとりのあと分かってきたことは，この問題はそれほど簡単ではない，ということであった．これは少なくとも私には意外であった．偏微分方程式が，行列になったのだから，いろいろ調べることは簡単なのではないか，と想像していたのである．ところが，たとえば解が一つでもあるかどうか，ということを判定する必要十分条件さえ，まったく見当もつかなかった．

ゲージ理論の立場から興味深いのは，解の全体のなす空間，モジュライ空間が，どのような構造を持っているかということなのである．上の結果からはモジュライ空間が，単にある種の性質を満たす行列のなす空間となることが分かるものの，それは単なる言い換えに過ぎず，問題がやさしくなる，ということではなかったのである．

とはいっても，やりとりの中で，いくつかのことが分かった．一つは，ある特別な場合 (少し正確にいうと A 型の場合) には，モジュライ空間が表現論で調べられていた Springer 特異点解消，あるいは，Slodowy 横断片とよばれるものになっている，ということである．これは，我々の共同研究の少し前に Kronheimer が証明したことと，ちょっとしたアイデアを使うとすぐに証明される．

しかし，この時点では，それ以上先に進むことはなかった．あとから考えれば，では表現論ではどのようなことが分かっているのか，と調べてみることが自然な流れであるが，そんなことをやってみようと考えてもみなかった．Mathematical Reviews (当

時はもちろん MathSciNet は存在しなかったから，ある年代以上の人なら誰でも知っていて，ある年代以下の人は誰も知らないであろう，あの赤い大きな本のことである) で文献を調べてみようとか，誰かに質問してみよう，ということすら思い付かなかった．一つには，リー群とかリー環とか，表現論の基本的な道具を 4 年生のときに勉強したものの，自分には合わないな，と思っていたことがあるだろう．また，表現論は基本的には線形代数であって，非線形偏微分方程式の研究には役立つわけがない，という偏見があったことも認めざるをえない．若気の至りである．

もう一つ分かったことは，Kronheimer に教えてもらったことだが，箙の表現を研究する分野が数学の中にあり，そこで使われている，箙の表現に対して定義される鏡映関手というものが役に立ちそうだということであった．共同研究をしたときには，箙の表現については，その前の Kronheimer の学位論文を読んだだけで，その背景とか，どういった研究があるのか，とか私はまったく知らなかった．というか，まことに失礼ながら，箙の表現を研究している分野がある，ということを，想像すらしていなかった．

今から振り返ると冷や汗が出る思いだが，共同研究の結果を得るためには箙の表現論の知識はまったくいらないので，それでよかったわけであった．あと知恵でいえば，鏡映関手というのは，リー群論で出てくるワイル群と密接な関係があり，上であげた Springer 特異点解消とも，いわゆる Springer 表現の理論により，深く関わっているのであるが，そのようなことは，当時はまったく分からなかった．

かといって，箙の表現論を腰を据えて勉強をしようと思ったわけでもなかった．たぶん，そのときはまったく新しい分野を勉強しなくても，そのうちに分かってくるのではないか，という期待

をどこかに持っていたのではないだろうか．もしくは，自分の研究分野は多様体上の非線形微分方程式であり，そこからあまり遠く離れたところに行きたくない，ということもあったのかもしれない．もしも近くに質問できる人がいれば，状況も違っていただろうと思うが，残念ながら，誰に質問したらいいかもまったく分からなかった．当時は，多様体上の非線形微分方程式が私の周囲を支配していた．

3 Lusztig の論文との出会い

このような状況で，1990年の ICM 京都における Lusztig の全体講演を聞いた．すでにいろいろなところで書いたが，その講演で，箙の表現を使って量子展開環，正確にはその上三角部分環を作る，という結果が出てきたので，これは何かあるぞ，と思ったのである．

全体講演は，それ以外の内容も含んでいたが，今の話と関係していた内容が，最初に上げた二本の論文とあとでまとめられた教科書である．

量子展開環は，この文章で何回も出てくるので，正確な定義はともかく，感じくらいは説明する必要があるだろう．リー環は，リー群上の左不変なベクトル場の全体であるが，リー群上の左不変な微分作用素の全体が普遍展開環である．ベクトル場は，一階の微分作用素であるが，これを何回も合成したような高階の微分作用素まで考えたものである．量子展開環は，これを変形量子化したもので，パラメータとして q が入っており，q を 1 としたものが，普遍展開環である．

記憶がはっきりしないのであるが，そのときすでに Reshetikhin-Turaev が，量子展開環を用いて，Witten のチャーン・サイモン分配関数による 3 次元多様体の不変量を数学的に厳密に定義したというニュースは，どこかで聞いていたと思う．あるいは，ICM よりは後だったかもしれないが，おそらくは時間的にそれほど開いてはいないだろう．

その少し前に Witten は，半自己双対接続のモジュライ空間を用いて定義された Donaldson 不変量を経路積分によって再 '定義' した．それは無限次元多様体の上のチャーン・ヴェイユ理論と解釈すれば，もともとの定義との関係を理解することができたし，そのアイデア自体にはそれほどおどろかなかった．

ところが，チャーン・サイモン分配関数の方は，もっと深く場の量子論と絡んでおり，それまでに親しんできたモジュライ空間よりも詳しい構造を見ているようだった．

量子展開環を用いた Reshetikhin-Turaev による定義は，私の嫌いな表現論に基づくものであり，なんとかもっと幾何学的に Witten の不変量を捉えられないか，と漠然と考えていた．そんなときに箙を用いて量子展開環を構成するという Lusztig の講演を聞いたので，これを上で説明した Kronheimer との共同研究と絡めれば，幾何学的な構成ができるのではないか，と妄想をめぐらせた．

上で，正確な記述をサボったので，Lusztig の論文における箙の表現の現れ方と，我々の現れ方に差異があることが説明できないが，あとで分かったことでいうと，我々のものは，Lusztig のものの余接束に 'ほぼ' 等しいが，完全に等しくないところに，大きな意味がある．いずれにせよ，Lusztig の論文の結果をそのまま使えば，何か分かるというようなことではなかったので，もう

少し根本的なところから理解しなければならない状況にあった．

それからしばらくは，Lusztig の論文を持ち歩いて「眺める」日々が続いた．正確な記憶がないが，Kronheimer との共同研究で出てきたモジュライ空間との関係が分かったのが，92 年の始め頃のはずだから，2 年弱くらいは悪戦苦闘していたと思う．今から考えると，それは論文を「読む」日々とはいえなかっただろうと想像する．この論文で使われている基本的な道具である，偏屈層について当時分かっていたとはとても思えないからである．

実は，Lusztig の論文は，Ringel の論文

C.M. Ringel, *Hall algebras and quantum groups*, Invent. Math. **101** (1990), 583–592.

に起源をもっている．量子展開環を構成したのは，Ringel の論文であって，Lusztig が行ったのは，それを偏屈層を使って再構成して，その応用として標準基底を作ったことである．Ringel の論文には偏屈層は出てこない．その代わりに，箙の表現を有限体上で考えており，途中で出てくることは完全列の個数を数えることだけである．量子展開環のパラメータ q が，有限体の位数として出てくることになっている．

しかし，当時，この論文もまったく読めなかった．タイトルにある Hall 代数が，幾何学的にいうと合成積であり，これは有限体上でもできるし，偏屈層でもできるし，また (標準的な仮定のもとでは) 通常のホモロジー群でもできる，という一般的な枠組みなのであるということを理解するまでに，2 年弱かかった．

今から振り返れば，誰か詳しい人に質問すればよかったのかもしれないが，一人で何も分からず，苦闘していたのである．もっとも，説明を聞いたとしても上に書いたように Lusztig の論文の

結果から，ただちに何かが従う，ということにはなっていなかったから，すぐにうまく行ったかどうかは怪しいのであるが...

4 Young 盤

Ringel-Lusztig の論文と我々の共同研究の関係が分かった時点の少し前にさかのぼって，分かるきっかけになったことの一つを紹介したい．前に述べたように特別な場合に，モジュライ空間が Slodowy 横断片になるということを書いたが，そのベッチ数には，表現論的な意味があり，

> R. Hotta and N. Shimomura, *The fixed point subvarieties of unipotent transformations on generalized flag varieties and the Green functions. (Combinatorial and cohomological treatments centering* GL_n), Math. Ann. **241** (1979), 193–208.

の中で，ヤング盤を用いた公式が与えられている，ということを知った．正確には，ここで扱われている多様体とモジュライ空間が一致するためには，条件が必要だが，それは本質的ではないので目をつぶろう．なぜ，この論文を見つけたのか思い出せないが，当時 M2 だった後藤竜司君が，特別な場合にベッチ数が求まる，ということをいっていたので，それなら表現論で研究があるはずだ，と思って探したのかもしれない．いかに表現論が嫌いでも，ベッチ数が分かるとなれば，文献を探そうとは，思ったはずだから．

Young 盤というのは，ヤング図形の箱の中に数字が，各列を上から下に見たときに単調増加になるように入れられているものの

1	1	1	1	1
2	3	2	3	
3	4	3		

1	1	3	4	4	5
2	3	4	5		
3	4	5	7		
4	5				

図 1 ヤング盤の例

ことである．

対称群 S_n や，一般線形群 GL_n の表現論ではよく使われる組み合わせ論的な対象である．

モジュライ空間のベッチ数は，そのようなヤング盤の個数に等しいことが知られていた．ただし，左から右に行を読んだときには，単調増加になっていない度合いが，だいたいホモロジーの次数に対応し，中間次数のものがいわゆる概標準盤，すなわち左から右へ単調非減少になるものに対応する．上の例で，左のものは概標準盤ではなく，右のものはそうである．

5 既約表現

Lusztig の標準基底は，独立に柏原正樹さんによって定義された結晶基底と同じものであることが知られており，もしかすると関係するかもしれないということで，

M. Kashiwara, *On crystal bases of the q-analogue of universal enveloping algebras*, Duke Math. J. **63** (1991), 465–516.

と，それと何を思ったのかよく分からないが，結晶基底の組み合わせ論的な記述が与えられている

M. Kashiwara and T. Nakashima, *Crystal graphs for representations of the q-analogue of classical Lie algebras*, J. Algebra **165** (1994), 295–345.

もコピーして，パラパラと眺めていた．後者の論文でやられていることは，前者の論文で展開された一般論を用いて，古典群のときに結晶基底をヤング盤を少し変更したもので，記述するということである．

そこでは，一般線形群に関する結果は，古典的な結果を再証明するということで一番最初に簡単に紹介されているだけなのであるが，概標準盤の個数が，外枠の Young 図形に対応する一般線形群の既約表現のウェイト空間の次元に等しい，という事実が書いてあった．この事実は，リー群の表現論を専門とする人なら誰でも知っていただろうと思うが，当時の私はもちろんそんなことは知らなかった．

しかし，この事実を見た瞬間に，目からウロコがポロリと落ちた．Ringel-Lusztig の理論とモジュライ空間の関係は，展開環の上三角部分環と，リー環の既約表現の関係にある，ということである．2 年弱苦労してきたのだが，結局両者の関係は表現論的には，非常に単純なものであった．

非専門家のため，関係を説明しておこう．量子展開環でなく，同じことなので，古典的な場合にすることにして，さらに簡単のため，リー環は，$\mathfrak{sl}_n(\mathbb{C})$ とする．V をその既約有限次元表現とすると，V は最高ウェイトベクトルとよばれる，特別なベクトル v を持ち，V は v にトレース 0 の上三角行列のなすリー部分環 $\mathfrak{n}$ の元を，次々に作用させて得られるベクトルで張られており，したがって $\mathfrak{n}$ の普遍展開環を $\mathbf{U}(\mathfrak{n})$ とすると，(V に応じて決まる)

右イデアル I が存在して

$$V \cong \mathbf{U}(\mathfrak{n})/I$$

と書ける．たとえば，V として n 次元の標準的な表現とすると，最高ウェイトベクトル v は，一番下の成分が 1 で他の成分がすべて 0 のベクトルと取ればよい．

Ringel-Lusztig の取り扱った空間と，モジュライ空間の間に差異がある，ということを前に注意したが，この幾何学的な空間の差がちょうど上のイデアル I に対応しており，それさえ分かれば，Ringel-Lusztig の理論を適用することは容易であった．

しかし，その構成をよく見てみると，一つのポイントはいろいろな箙の表現を一度に考えて，そのカテゴリー (圏と訳される) の構造に着目することにある．これを，モジュライ空間の立場から見ると，これはチャーン類をいろいろと動かしてその間の関係を見ることになる．これは，今となっては標準的な考え方になったが，その時点では標準的ではなく，普通には，チャーン類を固定してモジュライ空間の構造を調べるということがなされていた．発想の転換というだけで，少しも難しくはないのであるが，盲点となっていたことは確かである．あとで，この発想法からすると，チャーン類を動かしてできるモジュライ空間の全体を，数列から母関数を作るように考えなければいけないということになり，**母空間**と名付けたが，これについては，すでに何度も書いているからこれ以上は深入りしないことにする．

もともとの Kronheimer との共同研究では，箙の表現を考えるときの有限グラフは，いわゆるアファイン・ディンキン型のものであるが，Ringel-Lusztig の構成との関係をみれば，そのように限定することには何も意味はなく，一般の有限グラフについて考

えることが可能である．そのように拡張したときのモジュライ空間に，箙多様体と名前をつけて書いたのが

> H. Nakajima, *Instantons on ALE spaces, quiver varieties, and Kac-Moody algebras*, Duke Math. J., **76** (1994), 365–416.

である．

ちなみに，箙という言葉は，quiver の和訳として私が見つけてきたものであるが，たしか次のような経緯だったと思う．東北大に在籍中に研究業績紹介を書くようにという指示があり，その注意書きの中に専門用語は日本語訳を付けることという，バカなものがあった．明治時代ならともかく，新しい専門用語が次々に生まれる現代において，そんなことをしても意味がない，と思ったのだが，せっかくの注意書きでもあるし，では日本語にしたらよけいに意味が分からなくなってしまうように，わざとひねくれて，自分が知らない日本語の訳をつけた．私の辞書には，quiver の訳として「矢筒」という，もう少し分かりやすいものがあるのだが，わざわざそれを採用せずに，知らない方を取ったわけである．

6　同変 K 群へ

少し正確にいうと，上の論文では，Lusztig の偏屈層による構成は採用せず，Ringel の有限体に基づく構成において，体の位数を 1 に飛ばした極限を採用している．これは，箙多様体上の構成可能関数の空間上で，Hall 代数を考えることに対応し，層における押し出し写像，有限体でいうと数え上げに対応する部分を，オイラー数の計算におきかえておこなうことになる．

なぜ，そのような枠組みを採用したかというと，それが一番計算が簡単だからである．実は，Ringel-Lusztig の取り扱っている空間よりも，箙多様体の方がいろいろといい性質をもっているために，ホモロジー群の上で Hall 代数を考えることができるのだが，それができるまでには少し時間がかかり，1998 年の論文で行った．

実は，もっというと，Ringel-Lusztig の空間の余接空間 (の近似) であることにより，同変連接層の Grothendieck 群，いわゆる同変 K 群の上で話を進めるのが一番自然であり，そうすると，Ringel-Lusztig の理論では出てこなかった新しい表現論への応用も出てくる．すなわち，量子展開環の上三角部分環が構成できるだけでなく，量子ループ代数が出てくるのである．量子ループ代数は，リー環のループ代数，すなわちリー環に値をもつローラン多項式のなすリー環の普遍展開環を量子変形したものである．ここで同変 K 群といったが，余接束のファイバー方向への $\mathbb{C}^*$ 作用を考え，この作用に関して同変ということである．そして，量子変形パラメータの q は $\mathbb{C}^*$ 作用の指標として現れる．

1994 年の論文を書いて以降，いろいろな人に注意されたし，自分で勉強もして，同変 K 群の上でやらなければいけない，ということは分かってはいたのだが，なかなかできなかった．結局できたのは，

H. Nakajima, *Quiver varieties and finite-dimensional representations of quantum affine algebras*, J. Amer. Math. Soc. **14** (2001), 145–238.

と，さらに数年の歳月を要した．一つの理由は，同変 K 群における計算の仕方がなかなか分からなかったことにある．その前に構

成可能関数からホモロジー群に行くまでも,数年の時間がかかっているのである.すでに何度か書いたように,私のもともとのバックグラウンドは,多様体上の非線形偏微分方程式であり,ホモロジー群の計算,特に完全系列は苦手である.できてみれば,結局,定義以上のことはほとんど使わないで済むのであるが,新しい概念に慣れるには少し時間がかかるものなのである.慣れるのに役に立ったのは

N. Chriss and V. Ginzburg, *Representation theory and complex geometry*, Birkhäuser Boston Inc., Boston, MA, 1997.

という教科書であった.ここでは,箙多様体の代わりに旗多様体の余接束の上で同変 K 群の計算が行われており,これを勉強したことが役に立った.というか,この教科書の内容を自分のものにするまでの時間が,上の論文を書くまでに要した時間といっても過言ではない.旗多様体と違って,箙多様体は等質空間ではないので,この教科書には書いていないアイデアが少しだけあるが,それも同変 K 群に慣れれば,難しいことではなかった.

7 再び偏屈層へ

Chriss-Ginzburg の教科書は,アファイン・ヘッケ環が旗多様体の余接束の上の同変 K 群を用いて構成され,その応用として,アファイン・ヘッケ環の既約表現の分類 (もとは Kazhdan-Lusztig による) や,指標公式 (この部分は,Ginzburg による) が証明されており,その途中で,べき零多様体への,ある $\mathbb{C}^*$-作用に関する固定点集合上の偏屈層が,極めて重要な役割を果たす.しかし,

ここで展開されている理論は，なにかしらの代数が多様体上の同変 K 群を用いて構成されたら，ただちに適用できる一般論である．上の論文では，箙多様体の同変 K 群で量子展開環のループ代数を構成した．したがって，旗多様体の余接束を箙多様体で置き換えて Chriss-Ginzburg の理論を適用することにより，量子ループ代数の既約表現の指標公式が，偏屈層の言葉で与えられることになる．ここで，偏屈層は，箙多様体の $\mathbb{C}^*$-作用に関する固定点集合上に定義される．

Chriss-Ginzburg の教科書の状況に戻る．旗多様体が A 型のときは，固定点集合は，Lusztig の論文で取り扱われていた箙の表現の空間と同じであり (パラメータ q が 1 のべき根か否か，に応じて有限の A 型の箙か，アファインの A 型の箙が生じる)，上の偏屈層は，Lusztig が標準基底の構成に用いた偏屈層と同じであることが分かる．これを使って，いわゆる LLT 予想を解決したのが，有木進さんの有名な結果である．

S. Ariki, *On the decomposition numbers of the Hecke algebra of $G(m, 1, n)$*, J. Math. Kyoto Univ. 36 (1996), no. 4, 789–808.

私の上記論文では，Chriss-Ginzburg の理論を適用したところで止まっていた．指標公式は，偏屈層を用いて表されているので，偏屈層を解析することによって，組み合わせ論的な式で表すことができれば，望ましい．組み合わせ論的な式，について具体的に述べることができないが，たとえば先に述べた Young 盤を用いて表されるベッチ数の公式のようなもの，と思っていただこう．

このような組み合わせ論的な式を導くことができるところが，偏屈層の有用なところである．偏屈層は，多様体上の構成可能層

の導来圏の対象であって，定義にはかなりの準備が必要なものなのであるが，定義できてしまえばいくつかの特徴的な性質をもっているために，いろいろなやり方で計算ができるのである．

歴史的に偏屈層が最初に応用されたのは，Brylinski-柏原 および Beilinson-Bernstein によって旗多様体の上の D 加群を用いて証明された Kazhdan-Lusztig 予想だろう．これは，おそらく今でも一番有名な応用であろう．ここでは，D 加群から，リーマン・ヒルベルト対応によって偏屈層に移り，そこでは指標公式が，組み合わせ論的な形 (いわゆる Kazhdan-Lusztig 多項式) で与えられる．

これは，今のところ，純粋に代数的な手法では証明されていない，結果である．というか，たぶん代数的な手法では証明することはできないと思われる．

このように，表現論では，主張それ自体は，代数的な枠組みで定式化できるが，証明には幾何学的な対象を使う必要がある，という結果がいくつかある．上の有木さんの結果も，今のところ幾何を使わない証明はないように思う．

先の 2001 年の論文では，指標公式は偏屈層を使った形で与えられていた．それ以上に進むためには，偏屈層自身の解析が必要で，これは問題毎に独自のやり方で行う必要がある．Chriss-Ginzburg の教科書は一般的な枠組みなので，この部分は扱われていない．箙多様体の場合に，これを行ったのは次の論文である．

H. Nakajima, *Quiver varieties and t-analogs of q-characters of quantum affine algebras*, Ann. of Math. (2), **160**, (2004), 1057–1097.

一般論で分かるのは，次のようなことである．量子ループ代数

の表現の圏の Grothendieck 群を考える．既約表現は，その基底を与えるが，その他に標準表現とよばれる自然なクラスが定義され，別の基底を与える．その基底変換行列が偏屈層の茎の次元で与えられる，というのが一般論である．ここから先の解析は，Lusztig の最初の論文で学んだことが役立った．そこでは，有限次元リー代数の量子展開環の上三角部分環の標準基底が定義されたが，まず PBW 基底という，別の基底が定義され，標準基底との基底変換行列の間に，組み合わせ論的な特徴付けがある，ということがポイントであった．今の場合には，PBW 基底が標準表現に対応し，標準基底が既約表現に対応する，という類似があることが分かり，また基底変換行列も組み合わせ論的な特徴付けを持つ．あとは，PBW 基底に対応する標準表現を '計算' すればいいのであるが，これについては，Frenkel-Reshetikhin が定義した q 指標というものを用いた．これも，Lusztig の最初の論文に類似があり，単項式基底に似たものである，ということが分かる．全部合わせて，既約表現の指標は，組み合わせ論的なやり方で計算ができることなった．

結局，最初に Lusztig の論文に出会ってから 10 年以上の歳月が経ってしまったが，ここまでで，そこで書かれていた内容を箙多様体の場合に，適用することができたことになる．

8 最後に

途中で，Lusztig の標準基底は，柏原さんよって結晶基底として定義されたものと同じである，と述べた．結晶基底は，より組み合わせ論的な構造を持ち，これも合わせて理解することが必要である．特に結晶基底がテンソル積に関して，どのように定義さ

れるかが重要であり，これはウェイトに関する帰納法で証明されており，現在までのところ幾何学的な証明は知られていない．私は，これを Lusztig の教科書で学んだが，これは柏原さんの原論文と本質的には同じである．いつの日か，幾何学的な証明を与えたい，と思っているが，今のところはまったく方針も立たない．

これは，可積分最高ウェイト加群の基底であるが，箙多様体の同変 K 群は，量子ループ代数の表現として，可積分最高ウェイト加群ではない．しかし，少なくともグラフが ADE 型の場合には，箙多様体の同変 K 群にも標準基底が存在することが知られている．この事実は，柏原さんの extremal ウェイト加群と，その上の結晶基底の理論によるもので，代数的な構成である．今まで述べてきたように，偏屈層として理解できれば，いろいろといいことがあるのだが，未解決問題である．最近，Bezrukavnikov は，正標数の D 加群を用いたアプローチで構成できる，というようなことをいっているので，近いうちに解決されると思われる．

なぜ代数的な証明があるのに幾何学的なものを与えようとするのか，疑問に思う読者もおられるかもしれない．上にもあげたように，逆に，幾何学的な証明を，代数的なもので置き換えるということはできないと思われている問題はある．個人的な趣味もあるが，幾何学的な証明の方が汎用性が高いと思われること，つまり別の問題にも使える可能性が高い，というのが一つの大きな理由である．上にあげた Bezrukavnikov のアプローチも，もともとは正標数の旗多様体上の D 加群の研究から生まれたものである．

あとは，やはり今まで幾何学的な手法が極めて強力であったという経験である．今回は，箙について紹介したが，Lusztig をはじめとして多くの研究者が表現論の様々な問題に，偏屈層を使って大きな成果を生んでいる．これはここ 20 年くらいの大きな流

れであったが，現在から未来へとさらに大きな潮流へとなりつつある．若い読者の方にも，ぜひ参加してもらいたい．

数学における出会い
－カラビ-ヤウ多様体と複素シンプレクティック多様体をめぐって－

並河良典

1 カラビ-ヤウ多様体との出会い

　私が大学院に入ったのは，1986年である．代数幾何では3次元極小モデルの存在に決着がつきかかっていたころである．大学院では丸山正樹先生に指導していただいた．修士1年のセミナーでは，Kleiman の Toward a numerical theory of ampleness (Ann. Math. **84**, 293-344 (1966)) や 森重文先生の Projective manifolds with ample tangent bundles (Ann. Math. **110**, 593-606 (1979)), Threefolds whose canonical bundles are not numerically effective(Ann. Math. **116**, 133-176 (1982)) などを勉強した．同級には横川光司君がいた．横川君は Grothendieck の Fondéments de la Géométrie Algébrique (FGA) と Mumford の Lectures on curves on an algebraic surface をもとにして Quot-scheme の構成を勉強していた．こちらのほうにも強い感銘をうけた．このセミナーで学んだことは今でも自分の数学の骨格をなしている．修士2年になって具体的な研究テーマを何にしようかと，身近な先輩に相談したところ，「極小モデル周辺ではでき

そうなことはみんなやられてしまって，本当に難しい部分だけが残っている」と少し悲観的な返事が返ってきた．論文のテーマをみつける暗中模索の日々が続いた．そんな折，D. Morrison 氏が京大で講演をおこなった．講演の内容は，標準束の何倍かが自明な 3 次元代数多様体の分類に関するもので，最終的に残る最も困難なところがカラビ-ヤウ多様体 (標準束が自明な代数多様体) とのことだった．Morrison 氏がここの部分にだけとびきりたくさんのクエッションマークをつけたのが印象的であった．難しい難しいといっているわりには楽観的な感じのする講演であった．正確に限定することなどもちろん不可能なことであろうが，最初にカラビ-ヤウ多様体を意識したのはこの時だったと思う．

代数多様体のなかでカラビ-ヤウ多様体がどんな位置付けにあるのかを説明しよう．ここでは，射影空間の中に閉集合として埋め込まれた特異点を持たない代数多様体を考えることにする．1 次元の代数多様体を代数曲線，2 次元の代数多様体を代数曲面とよぶ．代数曲線と代数曲面の粗い分類はほぼ完成している．より高い次元の代数多様体を分類するのに使われるのが小平次元とよばれる双有理不変量である．次元 n の代数多様体にたいして，小平次元のとり得る値は，$-\infty, 0, 1, \cdots, n$ の $n+2$ 種類である．小平次元が n の代数多様体がもっとも一般的な多様体で個数 (種類) も多い．小平次元が $n-1, n-2, \cdots$，と減るにしたがい代数多様体は特殊なものになっていく．例えば，射影空間やグラスマン多様体はすべて小平次元が $-\infty$ である．1 つの代数多様体から爆発 (blowing-up) とよばれる操作でいくらでもたくさん双有理同

---

[1] 最近，大きなブレークスルーがあり，一般次元でも極小モデル予想が証明されつつある．

値な代数多様体をつくることができるので，各双有理同値類を代表するような代数多様体を 1 つ決めることができれば都合が良い．このような動機からうまれた概念が極小モデルである[2]．代数多様体 Y にたいしてその標準束を K_Y とする．Y 上のすべての曲線にたいして交点数 $(K_Y.C)$ が非負であるとき Y のことを極小とよぶ．小平次元が $-\infty$ の双有理同値類の中には極小モデルは存在しないが，小平次元が 0 以上の双有理同値類の中にはそうしたモデルが存在するであろうと予想されている[3]．カラビ-ヤウ多様体が関係するのは，小平次元が 0 のクラスである．3 次元の代数多様体 X は，小平次元が 0 以上であればつねに (双有理同値な) 極小モデル Y を少なくとも 1 つ持つ．ただし，Y は通常，末端特異点 (terminal singularity) とよばれる特異点をもった代数多様体である．X の小平次元が 0 ならば，Y の標準束 K_Y は何倍かするとかならず自明になる．もし 自然数 m に対して mK_Y が自明であったとすると，mK_Y の (零ではない) 切断を使って Y の m 重分岐被覆 $\pi: Z \to Y$ を作ることができる．Z は高々末端特異点のみをもった代数多様体で標準束は自明である．すなわち，Z は特異点をもったカラビ-ヤウ多様体である．それでは，この自然数 m はどんな数を取りうるのか？これが Morrison 氏が京大で講演した内容だったと思う．

第 2 の印象的な経験は，R. Friedman の論文 Simultaneous resolutions of threefold double points (Math. Ann. **274**, 671-689 (1986)) に出会ったことである．これは博士課程の 1 年か 2 年のときであったと思う．この論文で取り上げられているトピッ

---

[2] 3 次元以上では 1 つの双有理類に複数個の極小モデルが存在するのが普通である．

[3] 極小モデル X に適当な特異点を許容してやる必要がある．

クスの一つに3次元カラビ-ヤウ多様体上の非特異有理曲線の話がある．3次元カラビ-ヤウ多様体 X のなかの非特異有理曲線 C で法束 (normal bundle) が $O(-1) \oplus O(-1)$ のものを $(-1,-1)$-曲線とよぶ．ただし $O(-1)$ は射影直線 $\mathbf{P}^1$ 上の次数 -1 の直線束をあらわす．Grauert の定理によって，$(-1,-1)$-曲線 C を 1 点に縮小して他のところでは同型な双有理写像 $\pi: X \to \bar{X}$ が存在する[4]．C がつぶれた先の点 $p \in \bar{X}$ は特異点になる．特異点 $(\bar{X}, p)$ はノードとよばれ，4 次元複素アファイン空間 $\mathbf{C}^4$ のなかで，$xy - zw = 0$ によって定義される特異点と同型になる．もしも互いに交わらない $(-1,-1)$-曲線 $C_1, \cdots, C_n$ が X の中に n 個あったとするとこれらを各々 n 個のノード $p_1, \cdots, p_n$ につぶすような双有理写像 $\pi: X \to \bar{X}$ が存在する．Friedman が考えたのはいつ $\bar{X}$ は変形で非特異な多様体にできるのかという問題 (スムージング問題) である．ここで $\bar{X}$ の変形とは，$\bar{X}$ の複素解析空間の構造をあるパラメーターにしたがって変えていくことである．もっと正確にのべると，複素解析空間の平坦な正則固有写像 $f: \bar{\mathcal{X}} \to \Delta^1$ で $f^{-1}(0) = \bar{X}$ を満たすもののことである．ただし Δ^1 は複素平面 $\mathbf{C}^1$ の原点 0 を中心とする単位円盤である．問題になっているのは原点以外のファイバーがすべて非特異であるような f がいつ存在するかである．各々のノードは $xy - zw = 0$ という式で定義されているから，パラメーター t を用いて $xy - zw = t$ と変形してやればノードはスムージングされる．つまり各ノードは局所的にスムージング可能である．しかし Friedman の得た結果は意外なものだった．まず，X の中の $(-1,-1)$-曲線 C_i は $H_2(X, \mathbf{Q})$ の元 $[C_i]$ を定義することに注意する．このとき，

---

[4] $\bar{X}$ は一般に代数多様体ではなくコンパクト複素解析空間である．

次が成り立つ：

$\bar{X}$ が変形でスムージング可能 ⇔ 零でない n 個の有理数 α_i ($i = 1, \cdots, n$) が存在して $\Sigma_{1 \leq i \leq n} \alpha_i [C_i] = 0$ を満たす．

これは，ノードつきのカラビ-ヤウ多様体は必ずしも変形でスムージングできないことを示している．さらにスムージングの障害が位相的なデータを使って記述されている．上の判定法を $\mathbf{P}^4$ の中の 5 次超曲面 X に適用してみよう．X 上に互いに交わらない 2 本の直線 C_1, C_2 をとってくることができる．さらに 2 本とも X の $(-1, -1)$-曲線であると仮定できる．$H_2(X, \mathbf{Q})$ の中で $[C_1] = [C_2]$ が成り立つから，X から C_1, C_2 をつぶしてできる複素解析空間 $\bar{X}$ は変形でスムージング可能である．スムージングで得られる複素多様体は第 2 ベッチ数が 0 の非ケーラー多様体である．視点を逆にすると，第 2 ベッチ数 0 の複素多様体が退化したところに，カラビ-ヤウ多様体が現れていると考えることができる．Friedman の例をみて，M. Reid は単連結な 3 次元カラビ-ヤウ多様体はすべて第 2 ベッチ数が 0 の非ケーラー多様体の退化 (の特異点解消) として得られると予想した．これを Reid の夢 (Reid's fantasy) とよぶ．極小モデル理論と Reid の夢は，私に特異点をもったカラビ-ヤウ多様体の重要性を認識させた．

2　特異カラビ-ヤウ多様体のスムージング

1990 年に上智大学に移った．上智大学の加藤昌英先生は，Friedman による非ケーラー多様体の構成に興味をもってくださりよく数学の話を聞いていただいた．当時，東大では木曜日に解析多様体セミナーが開かれていて，週に一回，東大に通ってい

た．そこで，川又雄二郎先生や，中山昇さん，小木曽啓示さん，小林正典さんなどと知りあった．京大では代数多様体の分類理論をやっている人はほとんどいなかったが東京は分類理論をやっている人が多く，話は京大にいたときよりも良く通じた．あるとき川又先生が解析多様体セミナーで変形理論に関する T^1-持ち上げ原理の講演をされた．

これは Z. Ran の T^1-持ち上げ原理に，より簡潔な証明を与えたものである．コンパクト複素解析空間 X の変形とは，複素解析空間の平坦な固有写像 $f: \mathcal{X} \to T$ で $0 \in T$ 上のファイバーが X であるようなものである．特に T が集合として 0 のみからなる複素解析空間であるとき，f を X の無限小変形とよぶ．一番重要なのは，T の座標環が $\mathbf{C}[t]/(t^{n+1})$ であるようなもので，これを T_n と書く．T_n 上の無限小変形 $f_n : X_n \to T_n$ が 1 つあたえられたとする．一般に f_n を T_{n+1} 上の無限小変形に拡張することはできない．すなわち，f_n から $H^2(X, \Theta_X)$ の元 ob_n が決まり，$ob_n = 0$ の時に限って f_n は T_{n+1} 上の無限小変形に拡張される．この ob_n のことを障害類とよぶ．すべての n とすべての無限小変形 f_n に対して $ob_n = 0$ が成り立つとき，X の変形は障害を持たないという．

次に T^1-持ち上げの原理について説明しよう．無限小変形 $f_n : X_n \to T_n$ を T_{n-1} 上に制限したものを $f_{n-1} : X_{n-1} \to T_{n-1}$ とする．さらに Θ_{X_n/T_n} を f_n の relative tangent sheaf とする．このとき，制限写像

$$r_n : H^1(X, \Theta_{X_n/T_n}) \to H^1(X, \Theta_{X_{n-1}/T_{n-1}})$$

が存在する．T^1-持ち上げの原理とは，r_n が全射であれば，$ob_n = 0$ という事実を指す．もし $H^2(X, \Theta_X) = 0$ であれば，X の変形

は障害をもたない．しかし $H^2(X, \Theta_X)$ が消えない場合にも T^1-持ち上げの原理は有効である．たとえば，3次元カラビ-ヤウ多様体の場合，$H^2(X, \Theta_X)$ は決して消えない．ところが，$\Theta_{X_n/T_n} \cong \Omega^{d-1}_{X_n/T_n}$ $(d = \dim X)$ なので，ホッジ理論から，r_n はつねに全射である．すなわちカラビ-ヤウ多様体の変形は障害を持たない．

この講演を聴いた後，早速，末端特異点をもったカラビ-ヤウ多様体に対して T^1-持ち上げの原理が適用できるかどうかチェックしてみた．末端特異点は極小モデルにでてくる特異点である．その結果，末端特異点をもつ3次元カラビ-ヤウ多様体の変形は障害を持たないことがわかった．次に問題になるのは，Friedman の結果を末端特異点をもったカラビ-ヤウ多様体に拡張することである．$(-1, -1)$-曲線をつぶすとノードが発生した．これの逆をおこなうとノードの特異点解消が得られる．ノードつきのカラビ-ヤウ多様体 X をこのやり方で特異点解消して新しい多様体 $\tilde{X}$ をつくる[5]．Friedman はこの $\tilde{X}$ を使って X が変形でスムージングできるための条件を与えていた．ところが一般の末端特異点をもつカラビ-ヤウ多様体には，$\tilde{X}$ にあたる良い特異点解消が存在しない．したがって，Friedman の結果を一般化するといってもどのように一般化すればよいのか？これがなかなか分からなかった．

極小モデル理論を勉強していると，**Q**-分解性という概念に頻繁に出くわす．正規代数多様体の余次元1の部分多様体を考える．ヴェイユ因子というのは，余次元1の部分多様体のことを指し，カルティエ因子というのは，局所的に必ず1つの定義方程式で書けている余次元1の部分多様体のことである．正規代数多様体の余次元1の部分多様体は，ほとんどの点で局所的に1つの定義方

---

[5] 特異点解消 $\tilde{X}$ は一般に代数 (射影) 多様体ではない．

程式で書けている．しかし，どんなに頑張っても 2 個以上の定義方程式が必要な点がでてくることがある．したがって，ヴェイユ因子はかならずしもカルティエ因子とは限らない．正規代数多様体 X が **Q**-分解的というのは，X 上のヴェイユ因子を何倍かすると必ずカルティエ因子になることをいう．しばらく経って，この **Q**-分解性がカラビ-ヤウ多様体の変形理論と深い関係があることに気付いた．3 次元代数多様体から極小モデルをつくると，必然的に **Q**-分解的になる．最終的に得られた結果は，

Q-分解的で末端特異点をもつ 3 次元カラビ-ヤウ多様体は，変形でスムージングできる

というものだった．極小モデル理論とこの結果を通して，小平次元が 0 の 3 次元非代数多様体を考えることと 3 次元非特異カラビ-ヤウ多様体を考えることはそうかけはなれたものではないことがわかる．さらに，Steenbrink 氏との共同研究を通じて，特異カラビ-ヤウ多様体の変形理論と特異点の混合ホッジ理論との間に深い関係があることもわかった．Deligne の混合ホッジ理論は，大学院のとき，勉強した記憶がある．勉強しただけで，今から考えると深く理解したというのにはほど遠いものだった．しかし，この仕事を通して混合ホッジ理論が，代数幾何の問題にどのように関わってくるかが分かった気がした．

3 複素シンプレクティック多様体との出会い

カラビ-ヤウ多様体は Reid's fantasy で描かれたように多種多様である．3 次元のカラビ-ヤウ多様体だけでも数千種の位相タイプが知られている．これに対して複素シンプレクティック多様体

は非常に稀有な存在である．そのほとんどが，K3-曲面やアーベル曲面上の安定層のモジュライ空間として発見されてきた．ようするに，どれも由緒正しい多様体である．複素シンプレクティック多様体というのは，非退化な正則2形式 ω (＝シンプレクティック形式) をもったコンパクト・ケーラー多様体のことである．非退化な正則2形式をもつので，複素シンプレクティック多様体の次元は偶数であり，標準束は自明である．とくに，単連結で すべての正則2形式が ω の定数倍となるような複素シンプレクティック多様体のことを既約シンプレクティック多様体とよぶ．1998年の1月に小林正典さんが山梨県の泉郷でカラビ-ヤウ多様体の研究集会を主催した．この中に複素シンプレクティック多様体 (または超ケーラー多様体) の講演がいくつかあった．なかでも阪大の藤木明先生が紹介された D. Huybrechts の結果と K. O'Grady の結果は印象的であった．Huybrechts の結果でおもしろいとおもったのは，双有理同値な2つの複素シンプレクティック多様体は変形同値であるという結果である[6]．これには驚いた．自分が関わっていた3次元のカラビ-ヤウ多様体では到底成り立たない結果であったからである．一方，O'Grady の結果は，K3-曲面の $c_1 = 0$, c_2 が4以上の偶数であるような階数2の半安定層のモジュライ空間 M_{0,c_2} に関するものであった．c_2 を偶数にとったことにより，半安定ではあるが，安定ではない層がでてくる．M_{0,c_2} はちょうどこの部分で特異点をもつ．さらに M_{0,c_2} の非特異部分には正則なシンプレクティック形式が存在する．O'Grady は，このモジュライ空間の特異点解消を具体的に構成し，$c_2 = 4$ の場合

---

[6] Huybrechts の議論にはギャップが見つかったが，その後 Demailly-Paun の結果を援用して証明が完成した．

には，クレパントな特異点解消が存在することを証明した．この場合，できあがった多様体は，10 次元既約シンプレクティック多様体になる．第 2 ベッチ数を計算すると 24 であり，これまで知られていたどの既約シンプレクティック多様体とも変形同値でなかった[7]．その後，上智大学から阪大に移った．ある日，談話室で，藤木先生と話をしていると Shepherd-Barron のプレプリントのことが話題になった．先に述べたように複素シンプレクティック多様体 X は偶数次元 $2n$ である．もし X の中に n 次元射影空間と同型な部分多様体 E がふくまれていたとすると E はラグランジアン部分多様体になり法束 (normal bundle) は E の余接束と同型である．Grauert の定理から E を 1 点につぶすような双有理写像 $f: X \to \bar{X}$ が存在する．つぶれた先の点は，$\bar{X}$ の孤立特異点になっている．Shepherd-Barron のプレプリントはこの逆を主張していた．すなわち孤立特異点の特異点解消の上に正則シンプレクティック形式があれば，状況は，f とぴったりと一致するというのである[8]．だいたいのアイデアを聞かせてもらった後，自分でもいろいろと考えてみた．このような経験を何度もしているうちに，複素シンプレクティック多様体という対象が身近かに思えてきた．やはり，藤木先生にいろいろなことを教わったことの影響が大きい．私はひそかに新しい既約シンプレクティック多様体を作ろうと試みた．アイディアはこうである．O'Grady

---

[7] それまで知られていた既約シンプレクティック多様体はすべて K3-曲面 S 上の n 点ヒルベルト概型 $\mathrm{Hilb}^n(S)$ か generalized Kummer 多様体のいずれかに変形同値であった．

[8] このプレプリントでは，もう少し条件がついていた．このプレプリントの最終バージョンは，Cho, Miyaoka, Shepherd-Barron の 3 人の共著 (の一部) となって後に出版された．

の考察した M_{0,c_2} は $c_2 \geq 6$ のときクレパント特異点解消は持たない．このため，新しい既約シンプレクティック多様体は 10 次元でしか見つかっていない．もし一般の c_2 に対して，M_{0,c_2} を変形でスムージングできればそれは新しい既約シンプレクティック多様体になるはずである．先にのべたように M_{0,c_2} の非特異部分には正則シンプレクティック形式 ω が存在する．さらに，M_{0,c_2} の (任意の) 特異点解消 $\pi: Z \to M_{0,c_2}$ をとると，ω は Z 上の正則 2 形式に延長できることがわかる．このような多様体のことを特異シンプレクティック多様体とよぶ．したがって，考えるべき問題は，「特異シンプレクティック多様体はいつ変形でスムージングできるか？」である．モジュライ空間 M_{0,c_2} にあらわれる特異点は，GIT 商とよばれるものになっている．この特異点を (少なくとも局所的に) スムージングしようと幾度となく試みたが成功しなかった．結局，当初の見込みとは反対に M_{0,c_2} は，$c_2 \geq 6$ の時には，決してスムージングできないことがわかった．より正確に述べると，以下のことが証明できた．

Q-分解的で末端特異点をもつ特異シンプレクティック多様体をどう変形しても特異点は変わらない．

これを，前節で述べた結果と対比させてみるとおもしろい．すなわち，シンプレクティック多様体の場合には，**Q**-分解性という条件が 3 次元カラビ-ヤウ多様体の場合とは正反対の役割を果たすのである．モジュライ空間 M_{0,c_2} は，$c_2 \geq 6$ のとき **Q**-分解的で末端特異点しか持たないから，変形でスムージングすることはできない．さらに最近 Birkar, Cascini, Hacon, McKernan によって証明された極小モデルに関する大結果を用いると次もわかる：

特異シンプレクティック多様体がクレパント特異点解消をもつ

ことと，変形でスムージングできることは同値である．

いずれにせよ上で述べた方法では新しい既約シンプレクティック多様体を作ることはできない．現在も新しい既約シンプレクティック多様体を作ろうと試みているが未だ成功していない．

最後に，最近興味をもっていることについて触れたい．ここまではコンパクトな特異シンプレクティック多様体を扱ってきたが，コンパクトという条件をはずしても豊かな研究対象になる．たとえば，複素単純リー環 $\mathbf{g}$ の中のべき零軌道 O は，Kostant-Kirillov 形式とよばれるシンプレクティック形式 ω をもつ等質空間である．このとき，$\mathbf{g}$ の中で O の閉包 $\bar{O}$ をとると，アファイン特異シンプレクティック多様体になる．すなわち $\bar{O}$ の特異点解消 Z をとると ω は Z 上の正則 2 形式に拡張される．ある論文のレフェリーをやった時，そこに，B. Fu さんという若い人の Inventiones Math. にでた論文が引用されていた．それは，$\bar{O}$ がクレパント特異点解消をもてば，かならず旗多様体 G/P の余接束 $T^*(G/P)$ になるという内容であった[9]．G は $\mathbf{g}$ の随伴群 (adjoint group) で P は G の適当な放物型部分群である．以前にこの論文を雑誌室で目にしてコピーはとってはいたのだが，真剣に読んだことはなかった．これをレフェリーのついでに読んでみた．それまではべき零軌道という対象がこんなにおもしろいものだとは知らなかった．Shepherd-Barron のプレプリントのところで，$2n$ 次元の複素シンプレクティック多様体 X の中の n 次元射影空間 E を一点につぶす双有理射 $f: X \to \bar{X}$ のことに触れたが，これは特別なべき零軌道の閉包を旗多様体の余接束によって特異点解消し

---

[9] G-多様体 $T^*(G/P)$ のモーメント写像 $\mu: T^*(G/P) \to \mathbf{g}^*$ を考える．キリング形式によって $\mathbf{g}^*$ と $\mathbf{g}$ を同一視したとき，μ の像が $\bar{O}$ になる．

たものである．この場合 X にフロップという操作をほどこして新しい特異点解消 $f': X' \to \bar{X}$ をつくることができる．このフロップは向井茂先生が 1980 年代の初頭に発見したもので，現在では向井フロップとよばれている．当時，E. Markman や吉岡康太さんが向井フロップをグラスマン多様体の場合に拡張していて，generalized Mukai flop とか stratified Mukai flop などとよんでいた．これらのフロップはすべてべき零軌道の言葉に翻訳することができる．すなわち，たがいに共役でない放物型部分群 P, P' が同じ $\bar{O}$ の特異点解消

$$T^*(G/P) \to \bar{O} \leftarrow T^*(G/P')$$

を与えることがある．この現象を使ってフロップを理解することができる．グラスマン多様体がでてくるのは **g** が A-型のときなので，他のタイプの場合を調べれば新しフロップが見つかるかもしれない，こう考えて研究を始めた．その結果，D_{2n+1} 型のときと，E_6 型のときに新しいフロップが見つかった[10]．ここでは D_{2n+1} 型のフロップについて簡単に紹介しよう．まず，V を $4n+2$ 次元の複素ベクトル空間，$<,>$ を V 上の非退化対称形式とする．このとき $so(V)$ の中のジョルダンタイプが $[2^{2n}, 1^2]$ のべき零軌道を O であらわす．複素ベクトル空間 V の中の $2n+1$ 次元等方的部分空間 (isotropic subspace) 全体は，等質空間になる．これを，$G_{iso}(2n+1, V)$ と書く．$G_{iso}(2n+1, V)$ は 2 つの連結成分 $G_{iso}^+(2n+1, V), G_{iso}^-(2n+1, V)$ をもつ．このとき，各連結成分の余接束 $T^*(G_{iso}^+(2n+1, V)), T^*(G_{iso}^-(2n+1, V))$ は $\bar{O}$ の特異点解消を与える．図式

---

[10] E_6-型のフロップは 2 種類ある．私自身は，これらを D_{2n+1}-型向井フロップ，$E_{6,I}$-型向井フロップ，$E_{6,II}$-向井フロップとよんでいる．

$$T^*(G^+_{iso}(2n+1,V)) \to \bar{O} \leftarrow T^*(G^-_{iso}(2n+1,V))$$

が D_{2n+1}-型のフロップである．研究の途中で一番おもしろかったのは，これらのフロップを見つけたときであった．逆に苦労した点は，べき零軌道の (閉包) の特異点解消で現れるフロップが，A_n-型，D_{2n+1}，$E_{6,I}$-型，$E_{6,II}$-型の 4 種類しかないことを示す部分であった．専門知識 (とくに例外型のリー環など) に乏しい私はかなりの間，この部分で途方にくれていた．わからない，わからないといって無為の日々を過ごすのも精神衛生上良くないと考えて，なんとなく関係ありそうな論文の中から，Borho, MacPherson の Partial resolutions of nilpotent varieties, Asterisque **101- 102**, 23-74 (1983) を選んで読んでみた．幾何を使った議論に魅力を感じたからである．結果的にこのことは幸運であった．この論文の中に書かれてあることがヒントになって障害になっていた部分を乗り越えることができたからである．一般の代数多様体の双有理幾何は強力な一般論で統制をとるより仕方がない．これに比べて複素シンプレテック多様体の双有理幾何ははるかに簡明である．これがこの仕事を通して受けた印象である．

絡み目の同値関係とクラスパーについて

葉廣和夫

1 結び目と絡み目

筆者が結び目理論を含む低次元トポロジーを研究するようになった一つのきっかけは，修士課程の学生だったときに，[7] を大学生協の書店で手にとったことだったと思う．

ここで，結び目理論の基本的なことを簡単に思い出しておく．(繁雑になるので厳密さにはあまりこだわらないことにする．) 結び目とは，円周 S^1 の 3 次元空間 $\mathbb{R}^3$ への埋め込みのことである．ここで，埋め込みとは連続な写像であって，異なる点を異なる点に移すもののことである．

例えば，図 1 は結び目の例である．結び目は空間の中の「ひも」のようなものだと思うとわかりやすい．直観的にいうと，二つの結び目 K, K' がイソトピックであるとは，K と K' が連続的な変形で移りあうことである．ここで，変形の途中ではずっと結び目のままでなければならないので，ひもを切ったり，交差させたりしてはいけない．伸ばしたり，縮めたり，曲げたりは許される．このような連続変形をイソトピーとよぶ．例えば，$k_0, k_1,$

k_0 k_1 k_2

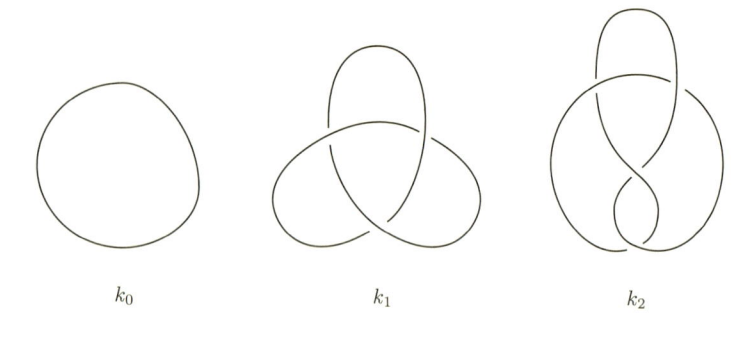

図 1 結び目の例：自明な結び目 k_0, 三葉結び目 k_1, 8 の字結び目 k_2

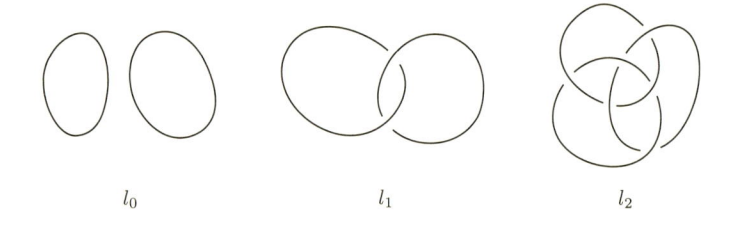

l_0 l_1 l_2

図 2 絡み目の例：自明な絡み目 l_0, Hopf 絡み目 l_1, Borromean 絡み目 l_2

k_2 は互いにイソトピックではない．結び目理論では，通常，イソトピックな結び目は同等なものと考えることが多い．

結び目は，図 1 のように，平面の中への円周の連続写像を与えて，交差の上下を指定することにより，表すことができる．このような図を結び目の図式とよぶ．絡み目とは，円周の有限個の非交和 $S^1 \sqcup \cdots \sqcup S^1$ の $\mathbb{R}^3$ への埋め込みのことである．絡み目も結び目と同様に図式によって表すことができる (図 2).

2 結び目解消操作

[7] に,「結び目解消操作」に関する章がある．次のようなことがそこで説明されている．

まず，結び目の X 型結び目解消操作(交差交換ともよばれる) とは，結び目の図式において，一つの交差を逆の交差に置き換えるという操作である (図 3). この操作は図 4 の操作と同等である．(二つの操作が同等であるとは，一方の操作がもう一方の操作で実現でき，また逆も成り立つということである．) ここで K_2 は K_1 に，Hopf 絡み目を 2 個のバンド (帯) にそってつなげることによって得られている．このような操作をバンド和とよぶことにする．

次の定理が言っていることは,「交差をはずすことを許せば結び

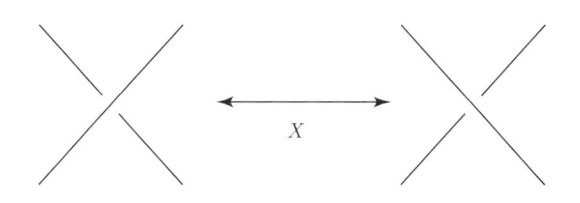

図 3　X 型結び目解消操作

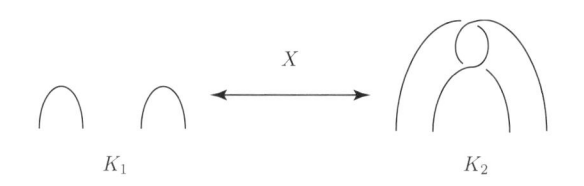

図 4　Hopf 絡み目のバンド和

図 5 Δ 型結び目解消操作

目は常にほどける」という，直観的には明らかなことである．

定理 1　任意の結び目はイソトピーと X 型結び目解消操作を有限回施すことにより自明な結び目にできる．

[7] には他の「結び目解消操作」についても説明がある．**Δ 型結び目解消操作**(Δ 操作ともよばれる) とは，図 5 のような操作である．これは図 6, 図 7 の操作と同等である．

Δ 型結び目解消操作は村上と中西 [10]，Matveev[9] により定義された．名前が示唆するように，次の定理が成り立つ．

定理 2 ([**10**])　任意の結び目 K は，イソトピーと Δ 型結び目解消操作を有限回施すことにより，自明な結び目にできる．

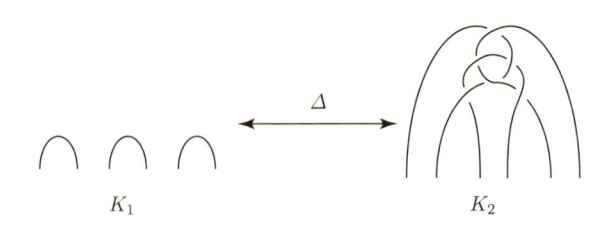

図 6 ボロミアン絡み目のバンド和

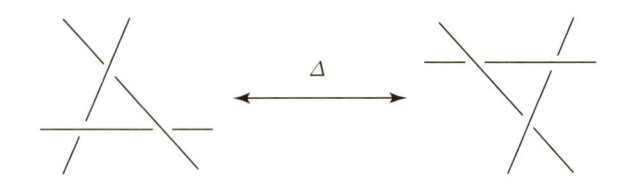

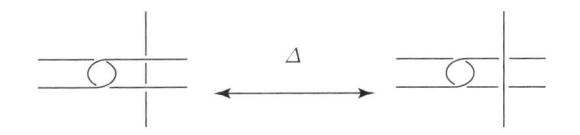

図 7　クラスプとひもの交差交換

証明のアイデア　定理 1 より，K はイソトピーと X 型結び目解消操作の有限個の列で自明な結び目 k_0 にできる．よって，二つの結び目 K_1 と K_2 が X 型結び目解消操作 1 回で移りあっているとき，それらがイソトピーと Δ 型結び目解消操作を有限回施すことにより移りあうことを示せば十分である．

例えば，図 8a, b のように，K_1 に Hopf 絡み目をバンド和して K_2 が得られるとしてよい．このとき，一方のバンドの根本を他方のバンドの根本の近くまでずらしてやる．図 7 の操作により，バンドはひもと自由に交差交換でき，しかも，バンドのひねりは，バンドとひもとの交差交換で実現できるので，バンドは「自明な位置」まで動かすことができる (図 8c)．よって，K_2 は K_1 から

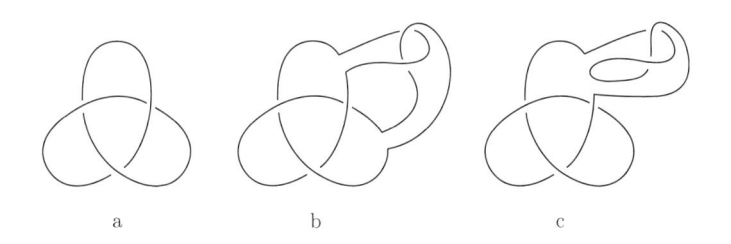

図 8

イソトピーと Δ 型結び目解消操作を有限回行って得られることがわかる． □

3 C_3 操作

定理 2 の証明をみると，次のような操作を考えるのは自然であることがわかる．ボロミアン絡み目のバンド和に現れるバンドとひもとの交差交換 (図 9) を考えて，これをとりあえず C_3 操作とよぶことにしよう．(この概念は後で定義し直す．) 2 個の結び目

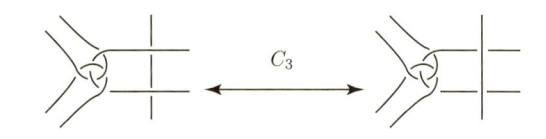

図 9 C_3 操作

がイソトピーと C_3 操作の有限列で移りあうとき，それらは C_3 同値であるということにする．

定理 2 により，任意の結び目は自明な結び目から，ボロミアン絡み目のバンド和を有限回行って得られることがわかる．結び目 K' が結び目 K からボロミアン絡み目のバンド和で得られているとするとき，定理 2 の証明と同じようにしてバンドを動かすことにより，K は K' から図 10 にあるような結び目を局所的にくっつけて得られる (このような操作を連結和とよぶ (図 11)) 結び目と C_3 同値であることがわかる．

これらの結び目は三葉結び目 k_1 と 8 の字結び目 k_2 のいずれかと C_3 同値であることがわかる．また，k_1 と k_2 の連結和 $k_1 \sharp k_2$

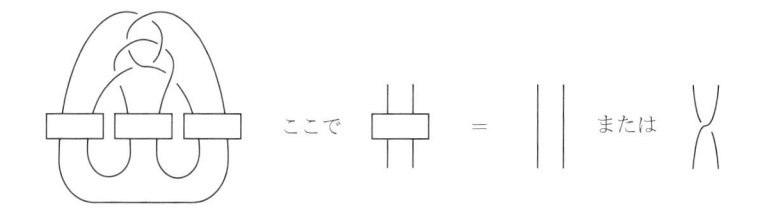

図 10

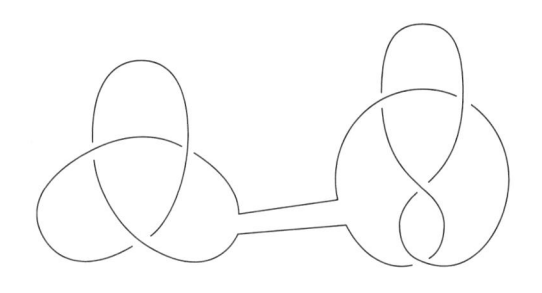

図 11　k_1 と k_2 の連結和

は自明な結び目 k_0 と C_3 同値であることもわかる．整数 n に対して，結び目 W_n を

$$W_n = \begin{cases} k_0 & (n = 0 \text{ のとき}), \\ k_1 \sharp \cdots \sharp k_1 \, (n \text{ 個}) & (n \geq 1 \text{ のとき}), \\ k_2 \sharp \cdots \sharp k_2 \, (-n \text{ 個}) & (n \leq -1 \text{ のとき}) \end{cases}$$

と定義すると，$n \neq n'$ のとき K_n と $K_{n'}$ が C_3 同値でないことがわかる．この事実の証明には結び目 K の Conway 多項式[1] の

---

[1] ここでは定義はしないが，結び目 K の Conway 多項式 $\nabla_K(z)$ は多項

2次の係数 $a_2(K) \in \mathbb{Z}$ が C_3 同値の不変量であることを使う. これらの議論から次の結果が得られる.

定理3 結び目 K, K' が C_3 同値であることと, $a_2(K) = a_2(K')$ であることは必要十分条件である. また, 結び目の C_3 同値類の集合は連結和によって得られる積によって, 無限巡回群の構造をもち,

$$a_2 \colon \{ \text{結び目} \}/C_3 \longrightarrow \mathbb{Z}$$

は群の同型である.

4 ブラケット操作

修士論文ではブラケット操作という, X, Δ, C_3 操作の一般化を考えた. これについて少し単純化して説明する.

整数 $k \geq 1$ に対して集合 B_k を次のように帰納的に定義する. まず, $B_1 = \{*\}$ とおく. ここで, $*$ は単なる記号である. $k \geq 2$ のとき,

$$B_k = \coprod_{i+j=k,\ i,j \geq 1} B_i \times B_j$$

とおく. 例えば,

$B_2 = \{(*, *)\},$

$B_3 = \{(*, (*, *)), ((*, *), *)\},$

式環 $\mathbb{Z}[z^2]$ に値をもつ不変量で $\nabla_K(z) = 1 + a_2(K)z^2 + \cdots + a_{2m}(K)z^{2m}$ ($m \geq 0$) のかたちをしている. Conway 多項式は連結和に関して乗法的であるので, $a_2(K) \in \mathbb{Z}$ は連結和に関して加法的である.

$$B_4 = \{(*,(*,(*,*))), (*,((*,*),*)), ((*,*),(*,*)),$$
$$((*,(*,*)),*), (((*,*),*),*)\}$$

などとなる. ($B = \coprod_{k \geq 1} B_l$ は元 $*$ によって生成される自由マグマとよばれるものになっている.)

$n \geq 2$ に対して,
$$P_n = \{\langle x, y \rangle \mid x \in B_k, y \in B_l \ (k, l \geq 1, k+l = n)\}$$
とする. ここで, $\langle x, y \rangle$ は x と y との順序対であるが, (x, y) とは区別して考える. 例えば,

$$P_2 = \{\langle *, * \rangle\},$$
$$P_3 = \{\langle *, (*,*) \rangle, \langle (*,*), * \rangle\},$$
$$P_4 = \{\langle *, (*, (*,*)) \rangle, \langle *, ((*,*),*) \rangle, \langle (*,*), (*,*) \rangle,$$
$$\langle (*,(*,*)), * \rangle, \langle ((*,*)*), * \rangle\}$$

である.

$x \in B_n$, $z \in P_n$ に対して, $|x| = |z| = n$ とおく.

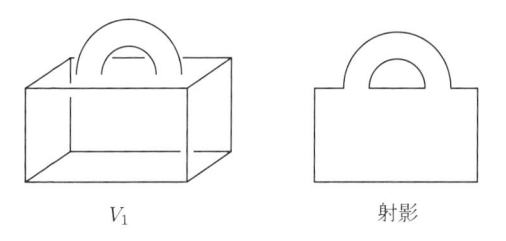

図12 V_1 とその射影

3次元多様体の中の1次元部分多様体をタングルとよぶことにする. 立方体の上の面にハンドルを付けて得られるような3次元多様体を V_1 とする. V_1 を図示するときはその射影を使う (図12). 各 $x \in B$ に対して, V_1 の中のタングル T_x を図13のように帰納的に定義する. 例えば, 図14のようになる. $z = \langle x, y \rangle \in P$

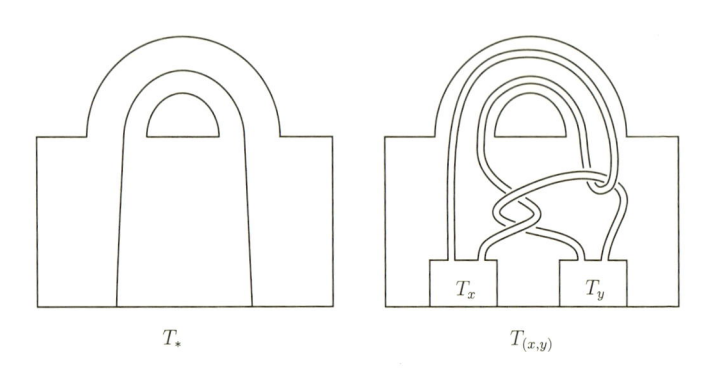

T_*

$T_{(x,y)}$

図13 T_* と $T_{(x,y)}$. 右の図では, T_x と T_y をそれぞれ含んだ V_1 の2個のコピーが V_1 に埋め込まれている.

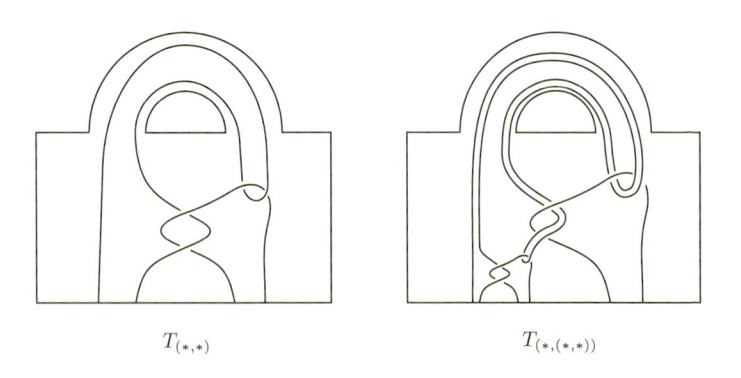

$T_{(*,*)}$

$T_{(*,(*,*))}$

図14 $T_{(*,*)}$ と $T_{(*,(*,*))}$

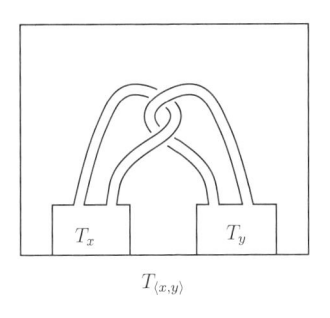

図 15 $T_{\langle x,y \rangle}$ の定義と例 $T_{\langle (*,*),(*,*) \rangle}$.

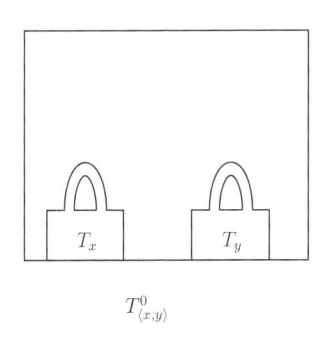

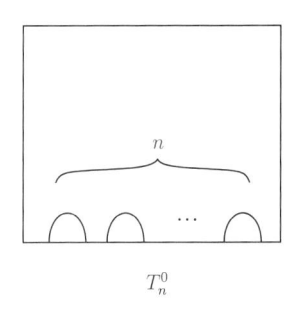

図 16 $T^0_{\langle x,y \rangle}$ と T^0_n.

に対して，$T_z = T_{\langle x,y \rangle}$ を立方体 $[0,1]^3$ の中のタングルで，図 15 のように定義されるものとする．また，図 16 のように，$\langle x,y \rangle \in P$ に対して $T^0_{\langle x,y \rangle}$ を，$n \geq 0$ に対して T^0_n を定義する．このとき，$z \in P$ に対して，$T^0_z = T^0_{|z|}$ が成り立つ．

$z \in P$ に対して，タングル T^0_z をタングル T_z におきかえるか，またはその逆のおきかえをする操作を z 操作とよぶことにする．

定理 4 $x, y, z, w \in B$ に対して次が成り立つ.

(1) $\langle x, y \rangle$ 操作と $\langle y, x \rangle$ 操作は同等である.
(2) $\langle x, (y, z) \rangle$ 操作と $\langle x, (z, y) \rangle$ 操作は同等である.
(3) $\langle x, (y, z) \rangle$ 操作と $\langle (x, y), z \rangle$ 操作は同等である. (これは, $T_{\langle x, (y,z) \rangle}$ と $T_{\langle (x,y),z \rangle}$ がイソトピックであることからわかる.)
(4) $\langle x, (y, (z, w)) \rangle$ 操作は $\langle x, ((y, z), w) \rangle$ 操作と $\langle x, (z, (y, w)) \rangle$ 操作を一回ずつ行うことにより実現できる.
(5) $\langle x, (y, z) \rangle$ 操作は $\langle x, y \rangle$ 操作を 2 回行うことにより実現できる.

定理 4 の (1) から (4) までは, $(,)$ と $\langle , \rangle$ が Lie 代数のブラケットと不変双線型形式の性質に似ている. 修士論文を書いていたときはわかっていなかったが, これらの性質は結び目の Goussarov-Vassiliev 有限型不変量の理論に現れるグラフの Lie 代数的な性質と対応していることが後でわかった.

定理 4 から次のことがわかる. 各 $x \in B$ に対し, 図 17 のように基点つきの二進木 t_x を対応させる. 各 $\langle x, y \rangle \in P$ に対し, 図 18 のように基点のない二進木を対応させる.

定理 4 の系として次が得られる.

系 5 $z, z' \in P$ に対して次が成り立つ.

(1) $t_z, t_{z'}$ が同相であるとき, z 操作と z' 操作は同等である.
(2) t_z が $t_{z'}$ の部分木に同相であるとき, z 操作は z' 操作を有限回行うことにより実現できる.

系 5 により, 2 個以上の頂点をもつ二進木 t に対して, t 操作を $t_z = t$ となる $z \in P$ に対する z 操作と定義することができる.

$t_* =$ [図]　　$t_{(x,y)} =$ [図]

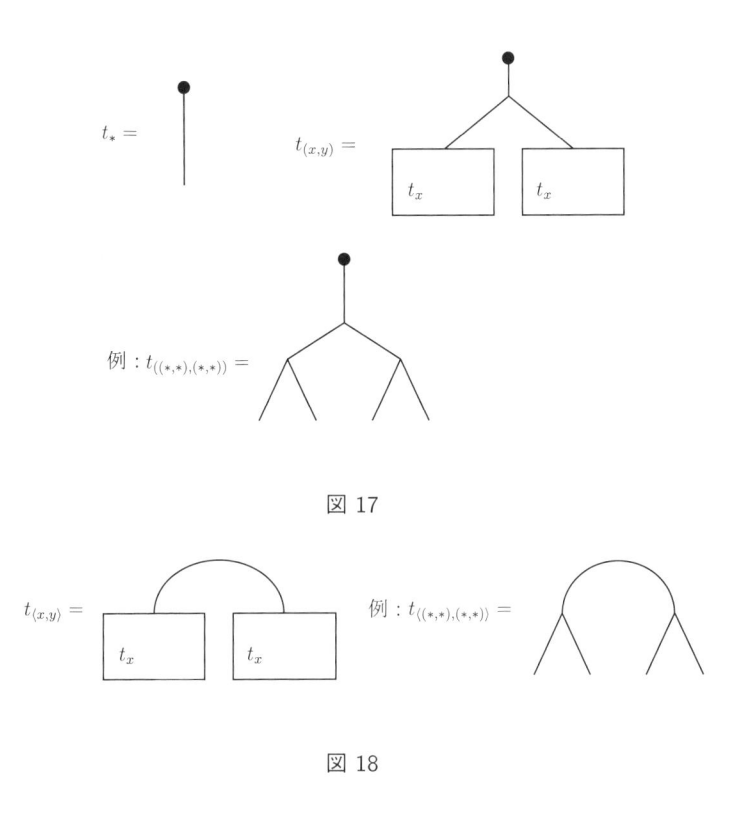

例 : $t_{((*,*),(*,*))} =$ [図]

図 17

$t_{\langle x,y \rangle} =$ [図]　　例 : $t_{\langle (*,*),(*,*) \rangle} =$ [図]

図 18

二進木の次数をその頂点の個数の半分 (一価頂点の個数ひく 1 と同じ) と定義する．次数 n の二進木 t に対する t 操作を総称して C_n 操作とよぶことにする．X, Δ 操作はそれぞれ C_1, C_2 操作と同等であり，前に定義した C_3 操作はここで定義したものと同等である．2 個の結び目がイソトピーと C_n 操作の有限列で移りあうとき，それらは C_n 同値であるということにする．

5 クラスパー

修士論文を書いたあとで，t 操作の定義をもっと簡単で扱いやすいものにできないかと考えた．とくに，t 操作の定義では t に対応するような P の元を選ぶ必要があったが，そのような選択の必要のないやり方はないかと考えた．

思い付いたのは，枠つき絡み目に沿った手術を使うということだった．試行錯誤ののちにクラスパーの定義にたどり付いた．(クラスパーは，Goussarov [3, 4] と筆者 [5] によって独立に発見された．以下に述べるクラスパーに関する結果の多くは，Goussarov によっても独立に得られている．)

5.1 I クラスパー

クラスパーのもっとも基本的なものは I クラスパーとよばれるものである．3 次元多様体 M の中の I **クラスパー**とは，M に埋め込まれた曲面 C で，2 個のアニュラスを 1 個のバンドでつないで得られるもののことである (図 19a)．各アニュラスは C の **leaf**，バンドは C の **edge** とよばれる．

M の中の I クラスパー C に対して，図 19b のように，2 成分

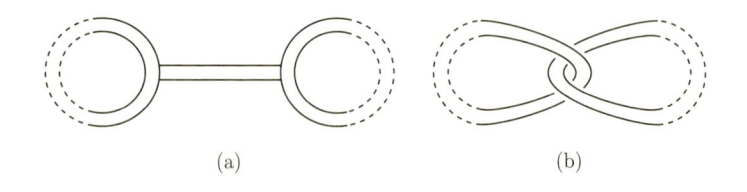

図 19 (a) I クラスパー．(b) I クラスパーに付随する枠つき絡み目．

の枠つき絡み目 $L_C = L_1 \cup L_2$ (ここではアニュラスで枠つき絡み目を表している) を対応させる．I クラスパー C に沿った手術とは，枠つき絡み目 L_C に沿った Dehn 手術のことであると定義する．ここでは，枠つき絡み目 L_C に沿った手術の定義はしないが，本稿では次の性質を I クラスパーに沿った手術の定義だと考えてもよい．

補題 6 図 20a のように，M の中の I クラスパーの一つの leaf が，円盤 D を張っているとする．また，絡み目 $L \subset M$ があって，D と有限個の点で横断的に交わっているとする．このとき，L は手術により，図 20b のように動かされる．

もし，I クラスパーの 2 個の leaf がそれぞれ補題 6 のような円盤を張っているときは，これに沿った手術は，図 21 のように，絡み目の二つの部分を絡ませる (clasp させる) ことになる．「クラスパー」という名前はここからきている．以下では，leaf はつねに上のようにディスクを張っているものとする．

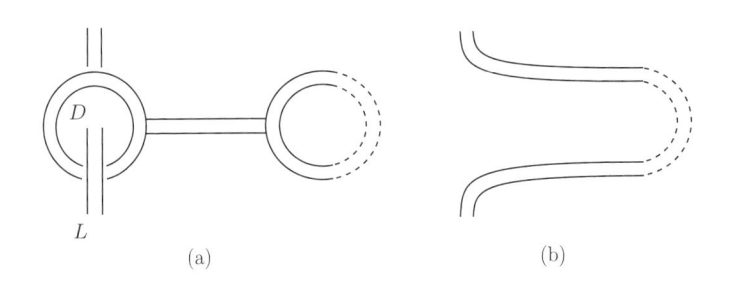

図 20 (a) I クラスパー．(b) 手術の結果

(a)   (b)

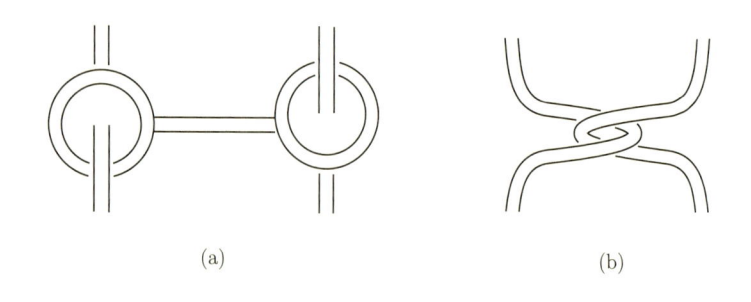

図 21 　(a) I クラスパー．(b) 手術の結果

5.2 　木クラスパー

木クラスパーの厳密な定義をするとすこし繁雑になるので，不正確だが簡単な説明をする．

木クラスパーとは 3 次元多様体 M に埋め込まれた連結な曲面で，leaf とよばれるアニュラス，node とよばれるディスク，edge とよばれるバンドに分けられていて，各バンドは二つの leaf または node をつないでいるようなものであって，leaf は一つの edge と交わり，node はちょうど 3 個の edge と交わっていて，leaf 以外の部分が単連結になっているようなもののことである．以下では木クラスパーの leaf は補題 6 の左側の leaf のようにディスクを張っているもののみを考える．

木クラスパーが与えられたとき，node を 3 個の leaf に図 22 のように置き換えることにより，いくつかの I クラスパーを得る．木クラスパーに沿った手術を，これらの I クラスパーに沿った手術と定義する．

木クラスパーには自然に二進木が対応する．対応する二進木の次数を木クラスパーの次数と定義する．次数 2 の木クラスパーは

node　　　　　　　　　3個の leaf

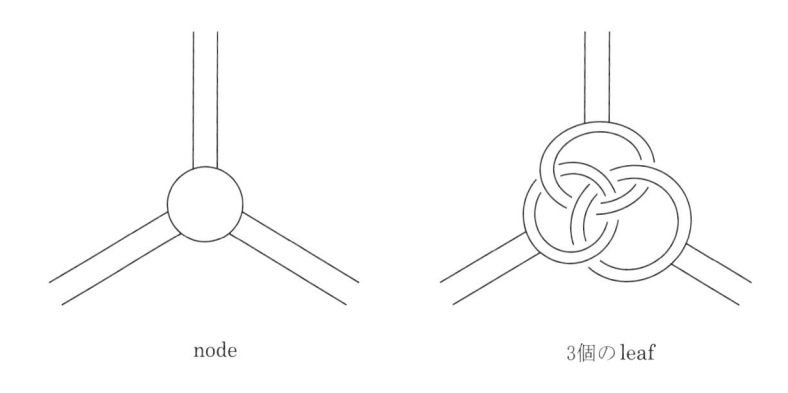

図 22

I クラスパーに他ならない．次数 n の木クラスパーを C_n クラスパーとよぶ．

図 23 は次数の低い木クラスパーとその手術の例である．木クラスパーの各 leaf が結び目とちょうど一回だけ絡むときは，C_2 クラスパーに沿った手術はちょうど C_2 操作 (Δ 操作) であり，C_3 クラスパーに沿った手術はちょうど C_3 操作となっていることがわかる．

一般に，木クラスパーの各 leaf が結び目とちょうど一回だけ絡むときは，C_n クラスパーに沿った手術と C_n 操作とは同等である．leaf が結び目と絡む回数が一回とは限らない場合の C_n クラスパーに沿った手術が生成する結び目の同値関係は，実は C_n 同値と同じになる．

C_2 クラスパー

C_3 クラスパー

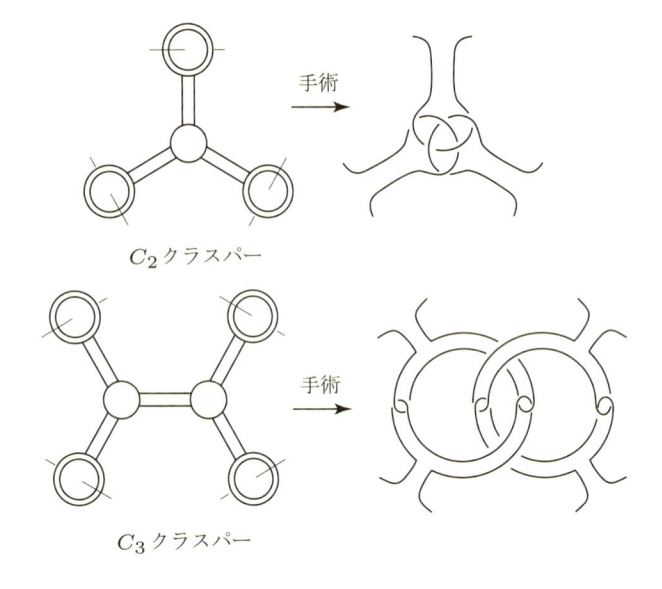

図 23

6 C_n 同値と有限型不変量

以下では，博士論文の主要な結果である，C_n 同値と Goussarov–Vassiliev 有限型不変量との関係について述べる．

6.1 有限型不変量の定義

$\mathbb{R}^3$ の中の結び目のイソトピー類の集合を $\mathcal{K}$ であらわす．自由アーベル群 $\mathbb{Z}\mathcal{K}$ を考える．

特異結び目とは，有限個の「横断的な二重点」を許す，円周の $\mathbb{R}^3$ へのはめこみのことである (図 24)．K を特異結び目とし，$S(K)$ を K の二重点の集合とする．S の部分集合 S' に対して，

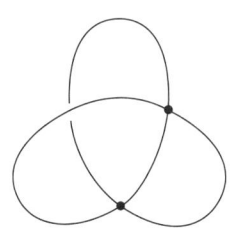

図 24　特異結び目

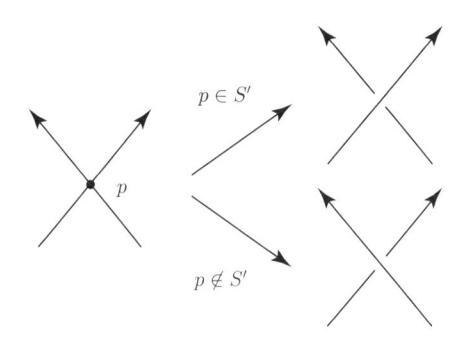

図 25　二重点の置き換え方

結び目 $K_{S'}$ を各二重点を図 25 に従って正または負の交点に置き換えて得られるものとする．$\chi(K) \in \mathbb{Z}\mathcal{K}$ を

$$\chi(K) := \sum_{S' \subset S} (-1)^{|S'|} K_{S'} \in \mathbb{Z}\mathcal{K}$$

と定義する．ここで，$|S'|$ は S' の元の個数を表す．

　整数 $n \geq 0$ に対して，自由アーベル群 $\mathbb{Z}\mathcal{K}$ の部分加群 $F_n(\mathbb{Z}\mathcal{K})$ を特異結び目 K で $|S(K)| = n$ をみたすものに対する $\chi(K)$ で生成されるものと定義する．フィルトレーション

$$\mathbb{Z}\mathcal{K} = F_0(\mathbb{Z}\mathcal{K}) \supset F_1(\mathbb{Z}\mathcal{K}) \supset F_2(\mathbb{Z}\mathcal{K}) \supset \cdots$$

を得る．$\mathbb{Z}\mathcal{K}$ からアーベル群 A への準同型で，$F_{n+1}(\mathbb{Z}\mathcal{K})$ において消えているものを，高々 n 次の**有限型不変量**とよぶ．

$n \geq 0$ に対して，アーベル群 $\mathbb{Z}\mathcal{K}/F_n(\mathbb{Z}\mathcal{K})$ は有限生成であることが知られている．

次が博士論文の主結果である．Goussarov も独立に同様の結果を得ている．

定理 7 結び目 K, K' が C_n 同値であるためには，$K - K' \in F_n(\mathbb{Z}\mathcal{K})$ であることが必要十分である．(この条件は，K と K' が任意のアーベル群に値をもつどのような高々 $n-1$ 次の有限型不変量によっても区別されないことと同値である．)

定理 7 は，有限型不変量のもつ情報の位相的な特徴付けを与えている．

6.2　クラスパーの他の応用について

クラスパーを使うと絡み目の同値関係だけでなく，3 次元多様体の同値関係も定義することができる．向きづけられた 3 次元多様体 M の中の Y_n クラスパーとは，M に埋め込まれた木クラスパーでちょうど n 個の node をもつものである．ここで，C_n クラスパーの定義のときのように leaf がディスクを張ることは仮定しない．Y_n クラスパーに沿った手術のことを Y_n 手術といい，Y_n 手術と向きを保つ同相が生成する 3 次元多様体の同値関係を Y_n 同値とよぶ．

例えば，Y_1 手術は Matveev[9] が定義した Borromean 手術と同等である．Matveev の定理から有向閉 3 次元多様体 M, M' が Y_1

同値であることと，ホモロジー群の同型 $H_1(M;\mathbb{Z}) \cong H_1(M';\mathbb{Z})$ で torsion linking pairing を保つものが存在することが必要十分であることがわかる．

また，C_1 操作 (交差交換) のかわりに Y_1 手術を使うことにより，自然に 3 次元多様体の有限型不変量の概念を定義することができる．この定義は，大槻 [11], Cochran–Melvin [1] による有限型不変量の定義より扱いやすい．定理 7 と同様の結果が整係数ホモロジー球面の Y_n 手術に対しても成り立つ．

7　これから考えてみたいこと

Crane と Yetter [2] と Kerler[8] は，境界が円周でパラメトライズされた連結有向曲面を対象とし，それらの間のコボルディズムを射とする圏 $\mathcal{C}$ を導入し，その圏の中に Hopf 代数構造が入ることを発見したが，クラスパーは，この Hopf 代数構造に対応した性質をみたす．

[6] において，筆者は，ハンドルボディ内の底タングルのなす圏 $\mathcal{B}$ というものを定義したが，これは上記の圏 $\mathcal{C}$ の部分圏とみなすことができる．ある意味で，圏 $\mathcal{C}$ は 3 次元多様体論の代数化とみなすことができるが，同じような意味で，圏 $\mathcal{B}$ は結び目理論のある種の代数化と思うことができる．これからの研究の主要なテーマのうちの一つとして，圏 $\mathcal{C}, \mathcal{B}$ に関連した，様々な数学的構造についてより深く研究していきたい．

参考文献

[1] T. D. Cochran, P. M. Melvin, Finite type invariants of 3-manifolds, Invent. Math. 140 (2000), 45–100.

[2] L. Crane, D. Yetter, On algebraic structures implicit in topological quantum field theories, J. Knot Theory Ramifications 8 (1999) 125–163.

[3] M. Goussarov (Gusarov), Finite type invariants and n-equivalence of 3-manifolds, C. R. Acad. Sci. Paris Sér I Math. **329** (1999) 517–522.

[4] M. N. Gusarov, Variations of knotted graphs. The geometric technique of n-equivalence (Russian), Algebra i Analiz **12** (2000), 79–125; translation in St. Peterburg Math. J. **12** (2001), 569–604.

[5] K. Habiro, Claspers and finite type invariants of links, Geom. Topol. **4** (2000), 1–83.

[6] K. Habiro, Bottom tangles and universal invariants, Algebr. Geom. Topol. 6 (2006) 1113–1214.

[7] 河内明夫『結び目理論』, シュプリンガー・フェアラーク東京, 1990.

[8] T. Kerler, Genealogy of nonperturbative quantum invariants of 3-manifolds: The surgical family, from: "Geometry and physics", Lecture Notes in Pure and Appl. Math. 184, Dekker, New York (1997) 503–547.

[9] S. V. Matveev, Generalized surgeries of three-dimensional manifolds and representations of homology spheres, (in Russian) Mat. Zametki 42 (1987) 268–278, 345.

[10] H. Murakami, Y. Nakanishi, On a certain move generating link-homology, Math. Ann. 284 (1989) 75–89.

[11] T. Ohtsuki, Finite type invariants of integral homology 3-spheres, J. Knot Theory Ramifications 5 (1996) 101–115.

母函数が開く整数論の未来

坂内健一

整数論の有名な大問題として，Fermat 予想とよばれる問題があります．この問題は，n が 3 以上の整数のとき，

$$X^n + Y^n = Z^n$$

は $XYZ \neq 0$ となる整数解 X, Y, Z は無いと主張しています．この命題はフランスの数学者 Pierre de Fermat (1601–1665) の本の欄外に書かれ，1995 年に Andrew Wiles によって最終的に証明されるまでの永い間，多くの研究者を魅了してきました．

Fermat 予想の最大の魅力は，解けそうで解けないところにあるように思います．始めから極めて難しそうな問題であれば，誰も考えてみようとは思わなかったかもしれません．何となく素朴に考えてみれば解けてしまえそうな雰囲気が，多くの数学者を惑わせたのだと思います．現に $n = 3$ や $n = 4$ など，特別な場合には素朴に解くことができます．

Fermat 予想を解くための試みは，整数論や関連する分野で多くの発展をもたらしました．現代整数論の中心的テーマの 1 つであり，私の研究対象でもある，代数多様体の整数論的に重要な量

をゼータ関数とよばれる関数で捉えるという試みも，この流れから生まれてきたものです．この原稿では，Fermat 予想を解く試みから発生した整数論の大事な問題意識について解説して，それが最近の，小林真一氏と私の共同研究の成果にどうつながって行くかについて，説明します．

Fermat 予想は多くの間違った証明を生み出したことでも悪名高い予想です．初期の有名な間違いは 1847 年に Lamé によって発表された解法です．現代的な言葉で Lamé が証明したことを言い直しますと，次の通りになります．$n = 4$ の場合には証明できているので，簡単な言い換えから，n が奇素数 p の場合に予想を証明すれば十分であることが分かります．p を奇素数として，ζ_p を 1 の p 乗根とします．Lamé は，整数全体の環 $\mathbb{Z}$ に ζ_p を付加した環 $\mathbb{Z}[\zeta_p]$ で素因数分解の一意性が成り立てば，$n = p$ に対して Fermat 予想が正しいことを証明したのでした．Lamé の間違いは，一般の奇素数 p に対して $\mathbb{Z}[\zeta_p]$ で素因数分解の一意性が成り立つと主張したことにありました．

整数全体の環 $\mathbb{Z}$ では素因数分解の一意性が成り立ちますが，一般の環では成り立つとは限りません．例えば $\mathbb{Z}$ に $\sqrt{-5}$ を付加した環 $\mathbb{Z}[\sqrt{-5}] = \{a + b\sqrt{-5} \mid a, b \in \mathbb{Z}\}$ を考えると，この環の中で 6 は

$$6 = 2 \cdot 3 = (1 + \sqrt{-5})(1 - \sqrt{-5})$$

と表せます．2, 3, $1 + \sqrt{-5}$, $1 - \sqrt{-5}$ などの数は $\mathbb{Z}[\sqrt{-5}]$ の中でより細かく分解できないため，上の式は 6 が本当に 2 通りの方法で素因数分解できてしまっていることを示しています．Lamé の間違った証明により浮き彫りとなった素因数分解の一意性の問題は，その後，整数論の中心的なテーマとなりました．

$$(6) = \mathfrak{p}_1 \cdot \mathfrak{p}_1 \cdot \mathfrak{p}_2 \cdot \mathfrak{p}_3$$

（図：$2 \cdot 3$ から $\mathfrak{p}_1 \cdot \mathfrak{p}_1 \cdot \mathfrak{p}_2 \cdot \mathfrak{p}_3$ への分解、$(1+\sqrt{-5})$ と $(1-\sqrt{-5})$）

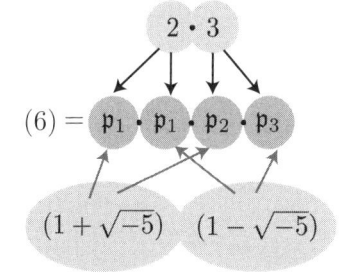

イデアルを使って，より細かく分解すれば，素因数分解の一意性に似た結果が成り立つ．

　一般の状況でも素因数分解の一意性を考えるために，Dedekind はイデアル (理想数) というものを導入しました．$\mathbb{Z}[\sqrt{-5}]$ のような環で素因数分解の一意性が崩れてしまうのは，普通の数だけを考えているからであり，数の世界をイデアルまで広げれば，素因数分解の一意性が成り立つ，というのが基本的な考え方です．普通の数 $x \in \mathbb{Z}[\sqrt{-5}]$ に対してイデアル (x) が対応します．また，$\mathbb{Z}[\sqrt{-5}]$ のイデアル $\mathfrak{p}_1, \mathfrak{p}_2, \mathfrak{p}_3$ が存在して，$(2) = \mathfrak{p}_1^2$, $(3) = \mathfrak{p}_2 \cdot \mathfrak{p}_3$, $(1+\sqrt{-5}) = \mathfrak{p}_1 \cdot \mathfrak{p}_2$, $(1-\sqrt{-5}) = \mathfrak{p}_1 \cdot \mathfrak{p}_3$ と，イデアルの世界でより細かく分解できます．

　素因数分解の一意性が成り立つような環では，イデアルは普通の数に対応する (x) というイデアルで尽くされます．このような理由から，イデアルの世界と普通の数の世界はどれだけズレているか，という問は，整数論の中で，とても大事な問題として認識されました．イデアルと普通の数の量の比率は自然数であり，この比率のことを「類数」とよびます．類数は，素因数分解の一意性がどれだけ崩れているかを計る指標として，整数論では非常に大切な不変量です．

　その後，様々な環に対して類数を具体的に記述する方法が生み出されました．中でももっとも有名なのが Dirichlet の類数公式とよ

イデアル

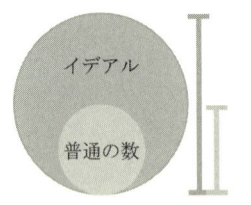

普通の数

類数：両者の比率

ばれるものです．この公式は，Dedekind 環の類数を，Dedekind ゼータ関数とよばれる解析関数で具体的に記述しています．

先日訪日したフランスの数学者 P. Colmez 氏も宴会の席で「もっとも好きな定理」として，この公式をあげていました．整数論的に重要な不変量がゼータ関数と関係するべきだ，という大事な哲学を示唆したということからも，類数公式は整数論の中で特別な位置を占めています．

もとの Fermat 予想において Lamé の議論は精密化され，$\mathbb{Z}[\zeta_p]$ の類数が奇素数 p の倍数でなければ，$n = p$ に対して Fermat 予想が成り立つことが証明されました．どのような場合に $\mathbb{Z}[\zeta_p]$ の類数は p の倍数となるか，という問に対して，Kummer は次の非常に簡潔で美しい解答を与えました．

自然数 $b \geq 1$ に対して B_b を b 番目の Bernoulli 数とします．e^z を指数関数として $f(z) = e^z/(e^z - 1)$ とすると，Bernoulli 数は $f(z)$ を $z = 0$ で冪級数展開したときの係数

$$f(z) = \frac{e^z}{e^z - 1} = \frac{1}{z} + \sum_{b=0}^{\infty} \frac{B_{b+1}}{(b+1)!} \cdot z^b \tag{1}$$

として定義されます．何らかの数列 $\{a_n\}_{n=1}^{\infty}$ が関数 $g(z)$ の冪級数展開の係数で与えられるとき，$g(z)$ は a_n の母函数であると言います．式 (1) は $f(z)$ が B_b の母函数であることを意味してい

ます．母函数の性質を調べると，もとの数の性質を調べることが可能となります．例えば e^z の $z=0$ での冪級数展開の係数が有理数であることから，B_b も有理数であることがただちに導かれます．このとき，Kummer は以下の定理を証明しました．

定理 1 (**Kummer**)　奇素数 p を考える．自然数 $b = 2, 4, 6, \cdots, p-3$ に対して有理数 $B_b \in \mathbb{Q}$ のいずれかの分子が p の倍数であるとき，またそのときに限り，$\mathbb{Z}[\zeta_p]$ の類数は p の倍数である．

この結果は，岩澤によって 20 世紀の後半に開花した，現在では岩澤理論とよばれる理論の基礎となったものです．冪級数展開を計算すると，$B_2 = 1/6, B_4 = -1/30, B_6 = 1/42, \cdots$ などと，Bernoulli 数 B_b を具体的に決定することができます．この事実から，Kummer の結果は $\mathbb{Z}[\zeta_p]$ の類数が p の倍数かどうかを判定する非常に実際的な方法であることが分かります．

Riemann ゼータ関数とよばれる関数は，

$$\zeta(s) = \sum_{n=1}^{\infty} \frac{1}{n^s} = 1 + \frac{1}{2^s} + \frac{1}{3^s} + \frac{1}{4^s} + \cdots$$

と定義されます．$\pi = 3.14159\cdots$ を円周率として $i = \sqrt{-1}$ とすると，b が偶数 $= 2k > 1$ のとき，Bernoulli 数と Riemann ゼータ関数の関係は，

$$B_{2k} = -2(2k)! \frac{\zeta(2k)}{(2\pi i)^k} \tag{2}$$

という等式で与えられます．このことから Kummer の結果は，数論的に重要な量とゼータ関数の関係という整数論の普遍的な主題の現れでもあることが見て取れます．

式 (2) は，次の幾何学的な数 e_b^* を経由して導かれます．指数関数 e^z の性質から，Bernoulli 数の母函数 $f(z)$ の周期が $2\pi i$ であることが導かれます．すなわち，

$$\Gamma = 2\pi i \mathbb{Z} = \{0, \pm 2\pi i, \pm 4\pi i, \pm 6\pi i, \cdots\}$$

とおくと，任意の $\gamma \in \Gamma$ に対して

$$f(z + \gamma) = f(z)$$

が成り立ちます．このことから，$f(z)$ は $\mathbb{C}/\Gamma$ 上の関数とみなすことができることが分かります．自然数 $b > 1$ に対して，b を添字とした数 e_b^* を，周期に関する無限和

$$e_b^* := \sum_{\gamma \in \Gamma, \gamma \neq 0} \frac{1}{\gamma^b} \tag{3}$$

と定義します．b が奇数のときは $\pm$ の部分が相殺して，e_b^* は 0 となります．b が偶数 $= 2k$ のときは

$$e_{2k}^* = \frac{2}{(2\pi i)^{2k}} + \frac{2}{(4\pi i)^{2k}} + \frac{2}{(6\pi i)^{2k}} + \cdots$$

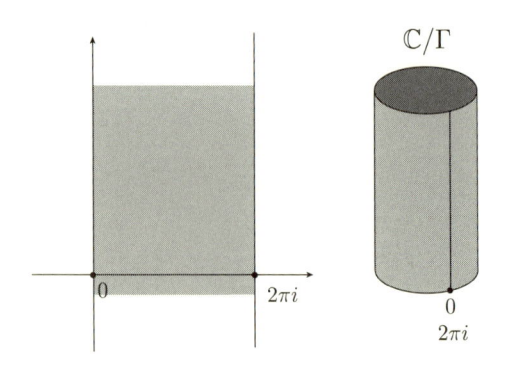

と表されますので，Riemann ゼータ関数の定義から

$$e_{2k}^* = 2(2\pi i)^{-2k}\zeta(2k) \tag{4}$$

が成り立つことが分かります．$b=1$ のときには $e_1^* = 1/2$ としておくと，上述の $f(z)$ によって

$$f(z) = \frac{1}{z} + \sum_{b=0}^{\infty}(-1)^b e_{b+1}^* z^b \tag{5}$$

と書けることが知られています．(1) と (5) は，e_b^* と Bernoulli 数の間に

$$e_b^* = (-1)^{b+1}\frac{B_b}{b!} \tag{6}$$

という関係が成り立つことを意味し，無理数の無限和である e_b^* という数が，実は有理数であるという驚くべき結果も導きます．以上の式 (4) と (6) を $b = 2k > 1$ の場合に適用すると，式 (2) が導かれます．

関数 $f(z)$ や係数 e_b^* の様々な性質は，$\mathbb{C}/\Gamma$ という幾何学的な対象の性質から導くことができます．$\mathbb{Z}[\zeta_p]$ の類数を計算するなどという，純代数的な問題を扱っている場合でも，背景に何らかの幾何が潜んでいる場合は実に多いのです．

整数論的に重要な量とゼータ関数の関係はその後，整数論の中心的なテーマへと成長して行きました．代数体は 0 次元の代数多様体と捉えなおされ，代数体に対する様々な考察は，より高次元な代数多様体の場合へと拡張されて行きました．

1960 年代には，楕円曲線の有理点のなす群という整数論的に大事な群と Hasse-Weil L-関数とよばれる楕円曲線のゼータ関数の間の精密な関係が，Birch と Swinnerton-Dyer によって予想され

ました (BSD 予想). この予想は類数公式を含む形で, 1990 年に Bloch と加藤によって代数体上定義された一般の代数多様体の場合へと拡張されました (Bloch-加藤の玉河数予想).

数学における予想というものは, 自然科学一般における仮説と対応しています. 自然科学者が長年の研究によって得られた知識と経験をもとに仮説を立てるように, 数学者は長年の研究によって得られた知識と経験をもとに予想を立てます. すなわち予想とは, 数学世界がどうなっているかという数学者の世界観を表しているものです.

以上の予想は幅広い場合に拡張されたものの非常に難しく, 極めて限られた場合にしか証明されていません. しかしながら, 予想の内在的な一貫性は強く, とても美しいものです. これらの予想を解決することを目指すことは, いわば一貫性の強い魅惑的な物理理論を, 実際の観測で実証することを目指すことに似ています. Fermat 予想を解く試みを通して様々な新しい考え方が生まれてきたように, 以上の予想を解く試みを通して, 多くの新しい数学的事実が発見さることが期待されます. 今まで私も, この予想を手のつけられる範囲で自分なりに理解しようと頑張ってきました.

整数の環 $\mathbb{Z}$ やその円分拡大 $\mathbb{Z}[\zeta_p]$ の場合を離れた次に簡単な場合は, 虚 2 次体やその円分拡大の場合です. この場合, (3) の e_b^* に対応する数は Eisenstein 数とよばれる数です. 2 つの複素数 ω_1, ω_2 を考え, ω_1/ω_2 の虚数部分 $\mathrm{Im}(\omega_1/\omega_2) > 0$ と仮定します. また, $\Gamma = \mathbb{Z}\omega_1 \oplus \mathbb{Z}\omega_2 = \{a\omega_1 + b\omega_2 \mid a, b \in \mathbb{Z}\}$ を ω_1, ω_2 によって生成される $\mathbb{C}$ 内の格子とします. このとき, 整数 a, b に対して Eisenstein 数は,

$$e^*_{a,b} = \sum_{\gamma \in \Gamma, \gamma \neq 0} \frac{\overline{\gamma}^a}{\gamma^b}$$

と定義します．ここで $\overline{\gamma}$ は γ の複素共役を意味します．実際，上の無限和が収束するのは $b > a + 2$ の場合ですが，解析接続を使うことによって一般の整数 a, b に対して $e^*_{a,b}$ が定義されます．

Eisenstein 数の背景にある幾何学的対象は，$\mathbb{C}/\Gamma$ という複素トーラスです．e^*_b の場合と同様に，$e^*_{a,b}$ の母函数が何らかの $\mathbb{C}/\Gamma$ 上の関数で与えられることが期待されました．実際，$0 \in \mathbb{C}$ に対応するトーラス $\mathbb{C}/\Gamma$ 上の点を考えて，それに付随する正規テータ函数 $\theta(z)$ を考えると，$\theta'(z)/\theta(z)$ が

$$\theta'(z)/\theta(z) = \frac{1}{z} + \sum_{b=0}^{\infty} (-1)^b e^*_{0,b+1} z^b$$

という形で展開されることが Roberts によって証明されました．$e^*_{0,b}$ は古典的には Hurwitz 数とよばれていたものであり，この結果は (5) の類似として注目されました．しかしながら，$e^*_{a,b}$ には a, b と 2 つ添字があり，両方ともを扱うことが実際の問題を解く上で重要でした．このため，2 変数の母函数を見つけ出すことは非常に大切な問題となりました．

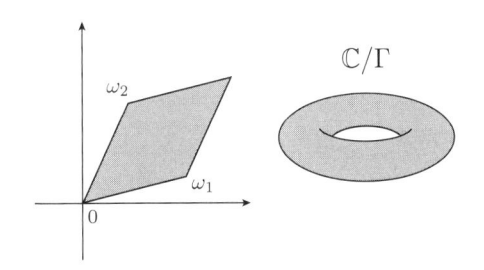

複素トーラスは複素多様体として 1 次元であるため，1 変数し

か自然には現れません．2 変数目をどう取るかという問題の解答として，N. Katz は 1970 年代の重要な研究で，もう 1 つの変数としてモジュライ変数をとる，という方法を生み出しました．すなわち，上半平面 $\mathfrak{H} := \{\tau \in \mathbb{C} \mid \mathrm{Im}(\tau) > 0\}$ 上の複素数 $\tau \in \mathfrak{H}$ に対して格子 $\Gamma_\tau = \mathbb{Z} \oplus \mathbb{Z}\tau$ を考えると，τ は複素多様体の族 $\mathbb{C}/\Gamma_\tau$ を与える変数とみなすことができます．母函数を考える上での 2 変数目を τ として取る，ということが Katz のアイディアでした．整数論や保型形式の分野ではモジュライ変数が出てくることは非常に自然で嬉しいことであり，Katz のこの考え方は，その後 30 年以上現在に至るまで，Eisenstein 数を研究する上で中心的な考え方となりました．

私が 2003 年の夏に，当時名古屋大学の同僚であった小林真一君と共同研究を始めたころの現状は，以上の通りでした．私は博士課程以来，楕円ポリログとよばれる数論幾何学的な対象を研究してきました．楕円ポリログの p 進実現を計算する上で，どうしても Eisenstein 数について深い理解を得る必要が生じ，このために Katz の論文を詳しく読み始めていました．しかしながら p 進の技術の発展状況から，モジュライ変数を扱うには数学的道具が不足しており，研究の行き詰まりを危惧していました．

2003 年の秋のことだったと思います．何とか突破口を見いだそうと，小林君と André Weil の古典的名著『Elliptic functions according to Eisenstein and Kronecker』(和訳：アイゼンシュタインとクロネッカーによる楕円関数論，金子昌信【訳】もあります) のセミナーを行っていました．あまり収穫もなく，セミナー終了後，大学の側にある「ロータス食堂」というカレー屋でグダグダとしていました．Eisenstein 数は 1 つの複素トーラスだけに依

存しているものであり，私として母函数にモジュライ方向が出てくることは大げさすぎる気がしていました．本来の研究目的である楕円ポリログも，1つの複素トーラスだけで定義できるものであり，Katz の方法のようにモジュライが不可欠ということには，私としては到底納得できるものではありませんでした．カレーを食べながらこの納得いかない気持ちを小林君にぶつけていくうちに，突然，以下の事柄を思いついたのでした．

$\Gamma = \mathbb{Z}\omega_1 \oplus \mathbb{Z}\omega_2$ を格子として，$A = (\Gammaの基本領域の面積)/\pi$ とします．また，定数 $z_0 \in \mathbb{C}$ に対して

$$\chi_{z_0}(\gamma) = \exp\left(\frac{\gamma \overline{z_0} - \overline{\gamma} z_0}{A}\right)$$

とします．Weil の教科書では Eisenstein-Kronecker-Lerch 級数とよばれる級数

$$K_a(z, z_0, s) = \sum_{\gamma \in \Gamma, \gamma \neq -z} \frac{(\overline{z} + \overline{\gamma})^a}{|z + \gamma|^{2s}} \chi_{z_0}(\gamma)$$

が扱われていました．z_0, a, s に $0, a+b, b$ を代入して，$z = 0$ としたものが，Eisenstein 数 $e_{a,b}^*$ になります．このとき思いついたのは，$K_a(z, z_0, s)$ は z の 1 変数関数でありますが，正則関数でないことから，z と $\overline{z}$ という 2 つの変数の 2 変数関数と思えるのではないか，ということでした．Eisenstein 数と関係あるこの関数を 2 変数関数と思えればしめたもの，求める母函数になってくれるはずだ，というわけです．

家に戻り，ただちに計算を始めました．特に $K_a(z, 0, s)$ を z や $\overline{z}$ で何回か微分して $z = 0$ を代入すると，うまい具合に様々な番号の Eisenstein 数が出てきました．しかし残念ながら，微分と添字 a, b の番号の増減が期待されるものではありませんでした．

それでも諦めず，今度は Eisenstein-Kronecker-Lerch 級数の関数等式

$$A^s \Gamma(s) K_a(z, z_0, s)$$
$$= A^{a+1-s} \Gamma(a+1-s) K_a(z_0, z, a+1-s) \chi_{z_0}(z)$$

を使って式を操作して行くうちに，はっきりと真実が見えたのでした.

定数 z_0 を変数とすれば良いのではないか.

すぐに z_0 を変数っぽく w で置き換え，$K_1(z, w, 1)$ を z, w の 2 変数関数とみて計算を始めました．ドンピシャで，微分と添字 a, b の関係はまさしく求めるものでした．Yager の虚 2 次体の Hecke 指標の 2 変数 p 進 L 関数の論文をみて，そこに現れる補完式の係数と私が計算した母函数の係数がピッタリと一致していることが確認できたとき，求める母函数の発見に近づいたと確信しました.

次の日から，小林君とこの関数の研究を始めました．簡単な項をかけて

$$\Theta(z, w) := \exp\left(\frac{z\overline{w}}{A}\right) K_1(z, w, 1)$$

とおくと，$\Theta(z, w)$ は z, w の両変数について正則であることが簡単に証明できました．この関数を $z = w = 0$ で冪級数展開すると，

$$\Theta(z, w) = \frac{1}{z} + \frac{1}{w} + \sum_{a,b \geq 0} (-1)^{a+b} \frac{e^*_{a,b+1}}{a! A^a} z^b w^a \qquad (7)$$

となり，この関数がまさしく求めていた $e^*_{a,b}$ の母函数であることが証明できました．$\Theta(z, w)$ を使うと，Eisenstein 数の関数等式が

$$\Theta(z,w) = \Theta(w,z) \tag{8}$$

と,単なる変数の入れ替えとして表せることが分かりました.

関数 $\Theta(z,w)$ は何者か,という問題が残されました.すなわち,$e_{a,b}^*$ の性質を調べるには母函数 $\Theta(z,w)$ を調べれば良いわけですが,それでは $\Theta(z,w)$ は由緒正しい関数なのか,という問いでした.ヒントはすでに Weil の本にあり,前述のテータ関数 $\theta(z)$ を用いると

$$\Theta(z,w) = \frac{\theta(z+w)}{\theta(z)\theta(w)}$$

とあっさりと書けてしまうことが証明できました.$\theta(z)$ のテータ関数としての変換公式を用いると $\Theta(z,w)$ の変換公式を導くことができ,結果として $\Theta(z,w)$ が実は複素トーラス $\mathbb{C}/\Gamma$ の Poincaré 束に付随する正規テータ関数であることが証明できました.

Poincaré 束というものは,アーベル多様体の双対性をあたえる直線束です.複素トーラス $\mathbb{C}/\Gamma$ はアーベル多様体として自己双対であり,この場合の Poincaré 束は $(\mathbb{C}/\Gamma) \times (\mathbb{C}/\Gamma)$ 上の直線束として与えられます.$\Theta(z,w)$ の z と w を入れ替えるという操作は,もとの複素トーラスと双対トーラスを入れ替えているものです.式 (8) は,関数等式によって与えられる Eisenstein 数の双対性が,複素トーラスの幾何学的な双対性で言い換えられていると解釈することができます.数論幾何で,関数等式の双対性が幾何学的な双対性と関係する,という哲学は半ば常識的なものですが,私個人がこの哲学をこれほどまで身近に感じたことは初めてであり,感動を覚えました.

整数論とは歴史の古い分野であるがために,(7) のように,重要な数に対する素朴な結果はすでに知られている可能性もありま

した．文献を調べた結果，もっとも我々の結果に近いと思われたのは，D. Zagier の Periods of modular forms and Jacobi theta functions, Inv. math. **104** (1991), 449-465 という論文の内容でした．この論文で，Zagier は 2 変数 Jacobi テータ関数 $F_\tau(z,w)$ の母函数的性質を調べていました．2 変数 Jacobi テータ関数は，$\Theta(z,w)$ に簡単な指数項をかけたものと一致していることから，テータ関数としての両者の性質は非常に良く似ています．しかしながら，指数項をかけるという操作が母函数に与える影響は大きく，Zagier の母函数は Eisenstein 数とは異なるものを見ていました．

今まで我々の証明した素朴な結果が発見されてこなかった理由を考える過程で，$\Theta(z,w)$ のモジュライ方向の性質が非常に悪いことに気がつきました．モジュライ方向との相性を重視するべきだという，整数論の健全な常識を信じると，どうしても $F_\tau(z,w)$ に行き着いてしまうのだと思います．モジュライ方向を嫌ったという我々の研究の出発点が，以上の発見を可能にしたのだと思います．

その後，小林君とは $\Theta(z,w)$ を用いて様々な定理を証明していきました．Eisenstein 数を指標付きで考えるために $\Theta(z,w)$ を Mumford の代数的テータ理論の枠組みで捉えたり，虚 2 次体の Hecke 指標に付随する 2 変数 p 進 L 関数の簡単な別構成を与えたり，Eisenstein 数の p 進的な性質を調べたりしました．また，2006 年の夏からは東大数理の辻雄さんを交えて，$\Theta(z,w)$ を楕円ポリログの研究に応用しました．最近ではこの理論を虚 2 次体の Hecke 指標の p 進 Beilinson 予想の証明に使えないかと思い始め，目下研究中です．$\Theta(z,w)$ の発見の帰結はまだまだたくさんあると信じています．

Eisenstein 数とは Bernoulli 数を素朴に一般化したものです．このように重要な数の自然な母函数を新たに見いだすことができたことは，私にとっても驚きで，非常に嬉しいことでした．理論がどんどん高度化される整数論という分野の中にありながらも，素朴な発見もありうるんだ，ということを実際に体感できたことで，数学という研究対象にさらなる魅力を感じました．今後もこのような発見ができることを夢見つつ，日々研究に励んでいます．

参考文献

[1] 荒川恒男，金子昌信，伊吹山知義『ベルヌーイ数とゼータ関数』，牧野書店．

[2] A. ヴェイユ (著)，金子昌信 (訳)『アイゼンシュタインとクロネッカーによる楕円関数論』，シュプリンガー・ジャパン．

[3] K. Bannai and S. Kobayashi, Algebraic theta functions and p-adic interpolation of Eisenstein-Kronecker numbers, to appear from the Duke Math. J.

結び目と素数 —数論的位相幾何学—

森下昌紀

はじめに

私は，結び目と素数の類似に基づき，3次元位相幾何学と整数論の相互啓発的な研究——数論的位相幾何学とよびます——をしています．私がこの結び目理論と整数論の間の類似性に気づいたのは，今から10年ほど前のことでした．1998年6月，早大理工である研究集会があった折り，生協で河内明夫編『結び目理論』をながめていたら，書かれていることが代数的整数論とそっくりにみえました．特に，Alexander 加群の理論が岩澤理論とよく似ていることが印象的でした．学生時代，加藤和也先生の講義で，「素数 p には p 元体 $\mathbb{F}_p = \mathbb{Z}/p\mathbb{Z}$ が対応し，その素スペクトル $\mathrm{Spec}(\mathbb{F}_p)$ のエタール基本群は無限巡回群 (の完備化) なので，$\mathrm{Spec}(\mathbb{F}_p)$ は円周のように見える」と教わりましたが，それまでこの事実を強く意識したことはありませんでした．加藤先生の講義では，整数環 $\mathbb{Z}$ のエタールコホモロジー次元が3であることも教わっていました．すると，素数の埋め込み

$$\mathrm{Spec}(\mathbb{F}_p) \hookrightarrow \mathrm{Spec}(\mathbb{Z})$$

は結び目に見えます．そう思うと，結び目理論と整数論の間に類似性があることは自然です．Alexander 理論と岩澤理論の類似性もその一つの帰結と思えました．私はこういったことをその研究集会のため偶然来日されていた恩師小野孝先生に話してみました．先生は熱心に聞いて下さり，最後に，「やっと自分の道を見つけましたね．貴方の道を行きなさい」と励まして下さいました．このときから私の研究は始まりましたが，私がこの類似性の確信を得たのはそれから 1 年後，Milnor の絡み目群についての論文を読んだときです．その中に書かれていた絡み目群の表示が，代数体の分岐条件付き Galois 群に関する Koch のある定理とそっくりなことに気づきました．このことから，まつわり数とべき剰余記号，Milnor の 3 重まつわり数と Rédei 記号などの類似性が明解に説明されることもすぐわかりました．このとき，シドニーに滞在していたのですが，大学から宿泊先の寮に帰る途中，興奮のあまり涙が止まらなかったことを覚えています．それから 10 年余り，この類似性の研究を続けてきました．今では基礎付け的なことはほぼ終わりました ([1])．この類似性は，私より前に B. Mazur らにより指摘されていたことを後に知りましたが，出版されたものはないようです．私は，上に述べたような経緯から，自分が最初に気づいたと思っていたので，ずっと愛着をもってやってきました．最近では国内外に，関連することを研究する人たちもわずかですが出てきました．

　二つの異なる分野に基本的な類似があるとき，類似性を追求し，刺激し合うことにより，二つの分野のより深い理解と発展が促されることがしばしばみられます．刺激しあうとは，ある概念，定理や考え方などが一方にあり，他方にないとき，問題を提供しあ

うということです．整数論に関係するところでは，整数と多項式の類似があります．これを進めたものが代数体と 1 変数代数関数体の類似で，19 世紀以来二つの分野，整数論と代数幾何学，の発展の原動力となり，20 世紀には両分野を融合した数論幾何学を生み出す土台になりました．例えば，類体論は初め，代数関数論の Abel-Jacobi の理論の類似として Hilbert により予想されました．逆の方向では，整数論で有名な Riemann 予想の類似を考えることが代数幾何学に Weil 予想を生み出し，Grothendieck によるスキーム理論建設の動機となりました．これも最初，E. Artin らが関数体の合同ゼータ関数を定義した頃は，おもしろいから類似を考えてみよう，という発想から始まったのだと思います．中には「そんなことを考えても，元々の Riemann 予想は解けないじゃないか」と批判する人たちもいたと思います．しかし，類似性の効用は，**既存の問題を解くことより**，むしろ新しい**問題意識を提起する**ことにあります．そうした自由な考え方が学問発展の源泉となることは歴史が明らかにしていることです．

　結び目と素数の類似がそこまで発展するかどうかわかりませんが，この類似性の新しくおもしろい点の一つは，結び目理論が物理学と密接に関連していることです．もともと結び目理論の創始者 Gauss の研究は古典電磁気学と関係していましたが，現在の結び目理論も，Gauss の研究をずっと発展させた形で，物理学，特に場の理論と関係しています．したがって，結び目と素数の類似を通じ，整数論と物理学の間に橋がかかることが期待されます．近年，整数論と物理学の間の思いがけない関係を時々聞くようになりました．結び目と素数の類似が，こうした関係に一つの視点を与えられたら，と夢見ています．

1 辞書

結び目と素数の類似はスキームのエタールホモトピー理論に基づきます．ホモトピー理論とは空間の位相的な形を代数的な言葉 (ホモトピー群等) で記述する理論ですが，エタールホモトピー理論とはスキームに対する類似の理論といえます．以下，可換環 R に対し，$\mathrm{Spec}(R)$ を R の素スペクトルとします．スキーム X のエタール基本群も位相空間と同様，$\pi_1(X)$ と書きます．位相空間のホモロジー群は整数係数とします．

1.1 円周と有限体

円周 S^1 は，$\pi_1(S^1) = \mathbb{Z}, \pi_i(S^1) = 1\ (i \geq 2)$ を満たし，ホモトピー的に Eilenberg-MacLane 空間 $K(\mathbb{Z}, 1)$ として特徴付けられます．したがって，その整数論的な類似物は，エタールホモトピー的に $K(\hat{\mathbb{Z}}, 1)$ ($\hat{\mathbb{Z}}$ は $\mathbb{Z}$ の副有限完備化)，すなわち 有限体 $\mathrm{Spec}(\mathbb{F}_q)$ です．基本群の生成元として，(反時計回りに) 1 回りするループ l と Frobenius 自己同型 σ が対応します．また，普遍被覆 $\mathbb{R}$ と代数閉包 $\overline{\mathbb{F}}_q$，n 次巡回被覆 $\mathbb{R}/n\mathbb{Z} \to S^1 = \mathbb{R}/\mathbb{Z}$ と n 次巡回拡大 $\mathbb{F}_{q^n}/\mathbb{F}_q$ が対応します．

円周 $S^1 = K(\mathbb{Z}, 1)$	有限体 $\mathrm{Spec}(\mathbb{F}_q) = K(\hat{\mathbb{Z}}, 1)$
$\pi_1(S^1) = \mathrm{Gal}(\mathbb{R}/S^1) = \langle l \rangle$	$\pi_1(\mathrm{Spec}(\mathbb{F}_q)) = \mathrm{Gal}(\overline{\mathbb{F}}_q/\mathbb{F}_q) = \langle \sigma \rangle$
l : 1 回りするループ	σ : Frobenius 自己同型

1.2 管状近傍と p-進整数環

円周 S^1 を芯にもつ管状近傍 (ソリッドトーラス) $V = S^1 \times D^2$ は S^1 とホモトピー同値で，$V \setminus S^1$ は 2 次元トーラス ∂V にホモトピー同値です．一方，$\mathbb{F}_q$ を剰余体とする p-進整数環を

$\mathcal{O}_\mathfrak{p}$, $\mathfrak{p}$-進体を $k_\mathfrak{p}$ とすると，$\mathrm{Spec}(\mathcal{O}_\mathfrak{p})$ は $\mathrm{Spec}(\mathbb{F}_q)$ とエタールホモトピー同値で，$\mathrm{Spec}(\mathcal{O}_\mathfrak{p}) \setminus \mathrm{Spec}(\mathbb{F}_q) = \mathrm{Spec}(k_\mathfrak{p})$ です．したがって，管状近傍 V と p-進整数環 $\mathrm{Spec}(\mathcal{O}_\mathfrak{p})$，境界 ∂V と $\mathfrak{p}$-進体 $\mathrm{Spec}(k_\mathfrak{p})$ が類似物とみなされます．基本群の間の類似も次のように見てとれます．自然な準同型 $\pi_1(\partial V) \to \pi_1(V) = \pi_1(S^1)$ において，$l \in \pi_1(S^1)$ の逆像はロンジチュード β，その核はメリディアン α で生成される無限巡回群です．$\pi_1(\partial V)$ は α と β で生成され，関係式 $[\alpha, \beta] := \alpha\beta\alpha^{-1}\beta^{-1} = 1$ で定義される自由アーベル群です．

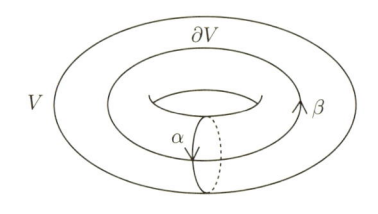

図1 ソリッドトーラス，メリディアン，ロンジチュードの絵

一方，自然な準同型 $\pi_1(\mathrm{Spec}(k_\mathfrak{p})) \to \pi_1(\mathrm{Spec}(\mathcal{O}_\mathfrak{p})) = \pi_1(\mathrm{Spec}(\mathbb{F}_q))$ において，$\sigma \in \pi_1(\mathrm{Spec}(\mathbb{F}_q))$ の逆像 (同じく σ と書く) は Frobenius 自己同型の延長，その核は惰性群 $I_{k_\mathfrak{p}}$ です．$I_{k_\mathfrak{p}}$ の商群の元をモノドロミーとよびます．どのモノドロミーをメリディアンの類似とみなすかは考えている状況によります (2.2, 2.4, 2.5 参照)．特に惰性群の最大従順商 $I_{k_\mathfrak{p}}^{\mathrm{tame}}$ はメリディアンに対応する標準的なモノドロミー τ で生成され，$\mathrm{Spec}(k_\mathfrak{p})$ の従順基本群 $\pi_1^{\mathrm{tame}}(\mathrm{Spec}(k_\mathfrak{p}))$ は τ と σ で生成され，関係式 $\tau^{q-1}[\tau, \sigma] = 1$ で定義される副有限群となります．

管状近傍 V	$\mathfrak{p}$-進整数環 $\mathrm{Spec}(\mathcal{O}_{\mathfrak{p}})$
境界 ∂V	$\mathfrak{p}$-進体 $\mathrm{Spec}(k_{\mathfrak{p}})$
$1 \to \langle \alpha \rangle \to \pi_1(\partial V) \to \langle \beta \rangle \to 1$	$1 \to I_{k_{\mathfrak{p}}} \to \pi_1(\mathrm{Spec}(k_{\mathfrak{p}})) \to \langle \sigma \rangle \to 1$
β：ロンジチュード	σ：Frobenius 自己同型
α：メリディアン	τ：モノドロミー ($\in I_{k_{\mathfrak{p}}}$ の商)
$\pi_1(\partial V) = \langle \alpha, \beta | [\alpha, \beta] = 1 \rangle$	$\pi_1^{\mathrm{tame}}(\mathrm{Spec}(k_{\mathfrak{p}})) = \langle \tau, \sigma | \tau^{q-1}[\tau, \sigma] = 1 \rangle$

1.3　3次元多様体と代数体の整数環

有限次代数体 k に対し，その整数環を $\mathcal{O}_k$ とします．$\mathrm{Spec}(\mathcal{O}_k)$ のエタールコホモロジー次元は 3 で，3 次元の Poincaré 双対性の類似である Artin-Verdier 双対性を満たします．したがって，$\mathrm{Spec}(\mathcal{O}_k)$ はエタールコホモロジー的には 3 次元実多様体のように振る舞います．代数体 k には無限素点の集合 S_k^{∞} がありますが，これは非コンパクト 3 次元多様体 M のエンド E_M に対応すると考えます．すなわち，$\mathrm{Spec}(\mathcal{O}_k) \cup S_k^{\infty}$ は $\mathrm{Spec}(\mathcal{O}_k)$ のエンドコンパクト化とみます．特に，$\pi_1(\mathrm{Spec}(\mathbb{Z})) = 1$ なので，$\mathrm{Spec}(\mathbb{Z}) \cup \{\infty\}$ (∞ は有理数体 $\mathbb{Q}$ の無限素点) は 3 次元球面 $S^3 = \mathbb{R}^3 \cup \{\infty\}$ の類似とみられます．また，任意の有限次代数体が $\mathbb{Q}$ の有限次分岐拡大であるように，任意の有向閉 3 次元多様体は S^3 の有限次分岐被覆となります (Alexander の定理)．

3 次元多様体 M	有限次代数体 k の整数環 $\mathrm{Spec}(\mathcal{O}_k)$
エンド E_M	無限素点の集合 S_k^{∞}
$S^3 = \mathbb{R}^3 \cup \{\infty\}$	$\mathrm{Spec}(\mathbb{Z}) \cup \{\infty\}$

注 1　$\mathrm{Spec}(\mathbb{Z})$ がなぜ 3 次元的なのかは次のように考えるとわかりやすいかもしれません．代数体と関数体の類似によれば，整数環 $\mathbb{Z}$ と有限体上の一変数多項式環 $\mathbb{F}_q[X]$ はよく似ています．

ここで，ファイブレーション

$$
\begin{array}{rcl}
\mathrm{Spec}(\mathbb{F}_q[X]) & \leftarrow & \mathrm{Spec}(\overline{\mathbb{F}}_q[X]) \\
\downarrow & & \\
\mathrm{Spec}(\mathbb{F}_q) & &
\end{array}
$$

を考えます．1.1 より，$\mathrm{Spec}(\mathbb{F}_q)$ は S^1 の類似で，ファイバー $\mathrm{Spec}(\overline{\mathbb{F}}_q[X])$ は，代数閉包 $\overline{\mathbb{F}}_q$ を複素数体 $\mathbb{C}$ で置き換えればわかるように，2 次元的です．したがって，$\mathrm{Spec}(\mathbb{F}_q[X])$ はエタールホモトピー的には S^1 上の曲面束に見えます．代数体の整数環 $\mathcal{O}_k$ には $\mathbb{F}_q$ のような定数体がないので，一般の 3 次元多様体が対応します．

上で，整数環には定数体がないと述べましたが，$\mathbb{Z}$ がある仮想的な定数体——$\mathbb{F}_1$ とよばれる——をもつと考える試みもあります (黒川信重氏提唱)．$\mathrm{Spec}(\mathcal{O}_k)$ を $\mathbb{F}_1$ 上の代数曲線のように見るのですが，このとき，$\mathcal{O}_k$ の素イデアル $\mathfrak{p}$ は $\mathrm{Spec}(\mathcal{O}_k)$ 上の因子，すなわち，直線束とみなされます．一方，3 次元多様体 M に対し，Poincaré 双対 $H_1(M) \simeq H^2(M)$ における対応 $[K] \leftrightarrow c_1(L) (= $第 1 Chern 類$)$ により，結び目 K に対し，直線束 L が対応します．したがって，我々の 3 次元的描像は $\mathbb{F}_1$-幾何とも整合しています．

1.4 結び目と素イデアル

結び目とは，円周 S^1 の 3 次元多様体 M への埋め込みのことです．したがって，1.1, 1.3 より，$\mathcal{O}_k$ の素イデアル $\mathfrak{p}(\neq 0)$ に対し，自然な準同型 $\mathcal{O}_k \to \mathbb{F}_\mathfrak{p} := \mathcal{O}_k/\mathfrak{p}$ から導かれる射 $\mathrm{Spec}(\mathbb{F}_\mathfrak{p}) \hookrightarrow \mathrm{Spec}(\mathcal{O}_k)$ は結び目の類似とみられます．

K を 3 次元多様体 M 内の結び目とします．K の管状近傍 V_K

の内部の補空間 $X_K := M \setminus \mathrm{int}(V_K)$ を結び目補空間，その基本群 $G_K := \pi_1(X_K) = \pi_1(M \setminus K)$ を結び目群といいます．G_K は K の絡み具合を反映する群です．包含 $\partial V_K = \partial X_K \hookrightarrow X_K$ が導く準同型 $\pi_1(\partial V_K) \to G_K$ の像 D_K をペリフェラル群といいます．また，メリディアンが生成する部分群 $(\subset \pi_1(\partial V_K))$ の G_K における像を I_K とします．$M = S^3$ とすると，結び目群の Wirtinger 表示より，G_K は I_K の共役たちで生成されます．

図2 3葉結び目とその管状近傍，メリディアン，ロンジチュードの絵

一方，1.2 より，$\mathcal{O}_k$ の素イデアル $\mathfrak{p}$ に対し，$\mathfrak{p}$ 進体 $\mathrm{Spec}(k_\mathfrak{p})$ が補空間 $X_{\{\mathfrak{p}\}} := \mathrm{Spec}(\mathcal{O}_k) \setminus \{\mathfrak{p}\}$ の境界の役目を演じます．結び目群にならい，$G_{\{\mathfrak{p}\}} := \pi_1(X_{\{\mathfrak{p}\}})$ を素イデアル群とよぶことにします．素数群とは，$G_{\{p\}} = \pi_1(\mathrm{Spec}(\mathbb{Z}[1/p]))$ のことです．ペリフェラル群の類似は，包含 $\mathrm{Spec}(k_\mathfrak{p}) \hookrightarrow X_{\{\mathfrak{p}\}}$ が導く準同型 $\pi_1(\mathrm{Spec}(k_\mathfrak{p})) \to G_{\{\mathfrak{p}\}}$ の像 $D_{\{\mathfrak{p}\}}$，すなわち，$\mathfrak{p}$ 上の分解群です．また，I_K の類似は，$\mathfrak{p}$ 上の惰性群 $I_{\{\mathfrak{p}\}}$ です．$k = \mathbb{Q}$ のとき，$G_{\{p\}}$ は $I_{\{p\}}$ の共役たちで生成されます．

絡み目 $L = K_1 \cup \cdots \cup K_r \subset M$ と絡み目群 $G_L := \pi_1(M \setminus$

L) には, 代数体 k の素イデアルの有限集合 $S = \{\mathfrak{p}_1, \cdots, \mathfrak{p}_r\} \subset \mathrm{Spec}(\mathcal{O}_k)$ とエタール基本群 $G_S := \pi_1(\mathrm{Spec}(\mathcal{O}_k) \setminus S)$ が対応します. G_S は, $S \cup S_k^\infty$ 上でのみ分岐するような k の最大 Galois 拡大 k_S の Galois 群 $\mathrm{Gal}(k_S/k)$ に他なりません. 群 G_S は一般に巨大で, $G_{\{\mathfrak{p}\}}$ でも有限生成か無限生成かは知られていません. G_S の構造が捉え難いことは, S の $\mathrm{Spec}(\mathcal{O}_k)$ への入り方が大変複雑, 不可思議であることを示しています. しかし, 2.2, 2.4 で述べるように, G_S の種々の商をとり, 絡み目群 G_L との類似を考えることにより, 素数の"形", 素数たちの"絡み方"の片鱗を理解することができます.

結び目 $S^1 \hookrightarrow M$ $S^1 \hookrightarrow \mathbb{R}^3$	素イデアル $\mathrm{Spec}(\mathbb{F}_\mathfrak{p}) \hookrightarrow \mathrm{Spec}(\mathcal{O}_k)$ $\mathrm{Spec}(\mathbb{F}_p) \hookrightarrow \mathrm{Spec}(\mathbb{Z})$
結び目群 $G_K = \pi_1(M \setminus K)$	素イデアル群 $G_{\{\mathfrak{p}\}} = \pi_1(\mathrm{Spec}(\mathcal{O}_k) \setminus \{\mathfrak{p}\})$
ペリフェラル群 D_K $I_K = \langle$ メリディアンの像 $\rangle$	$\mathfrak{p}$ 上の分解群 $D_{\{\mathfrak{p}\}}$ $\mathfrak{p}$ 上の惰性群 $I_{\{\mathfrak{p}\}}$
絡み目 $L = K_1 \cup \cdots \cup K_r$	素イデアルの有限集合 $S = \{\mathfrak{p}_1, \cdots, \mathfrak{p}_r\}$
絡み目群 $G_L = \pi_1(M \setminus L)$	$G_S = \pi_1(\mathrm{Spec}(\mathcal{O}_k) \setminus S)$

1.5 ホモロジー群とイデアル類群

3 次元多様体 M 内の結び目たちは 1 次元サイクルの群 $Z_1(M)$ を生成します. 2 次元チェイン $D \in C_2(M)$ の境界 ∂D たちは $Z_1(M)$ の部分群 $B_1(M)$ をなし, その商群 $H_1(M) := Z_1(M)/B_1(M)$ が M の 1 次元ホモロジー群です. 一方, 代数体 k に対し, 整数環 $\mathcal{O}_k$ の素イデアルたちは分数イデアル群 $I(k)$ を生成します. $a \in k^\times$ が生成する単項イデアル (a) たちは $I(k)$ の部分群 $P(k)$ をなし, その商群 $H(k) := I(k)/P(k)$ が k のイデアル類群です. $\partial D = 0$ となる D たちは M 内の閉曲面たちが生成する 2 次元

ホモロジー群 $H_2(M)$ をなし，一方，$(a) = \mathcal{O}_k$ となる $a \in k^\times$ たちは単数群 $\mathcal{O}_k^\times$ をなします．

$C_2(M) \to Z_1(M)$	$k^\times \to I(k)$
$D \mapsto \partial D$	$a \mapsto (a)$
$B_1(M) = \{\partial D \mid D \in C_2(M)\}$	$P(k) = \{(a) \mid a \in k^\times\}$
1 次元ホモロジー群	イデアル類群
$H_1(M) = Z_1(M)/B_1(M)$	$H(k) = I(k)/P(k)$
2 次元ホモロジー群 $H_2(M)$	単数群 $\mathcal{O}_k^\times$

注 2 我々の類似はホモトピー的な視点によりますが，"円周" $\mathrm{Spec}(\mathbb{F}_p)$ に "長さ" $\log p$ を与えると，対応する幾何的な対象は 3 次元 Riemann 多様体内の素な閉測地線となり，砂田利一氏らにより研究されてきた解析的数論と微分幾何学の類似と合流します．この方向をさらに推し進めたのが C. Deninger の研究です．Deninger は，代数体 k にある 3 次元空間とその上の力学系 ($\mathbb{R}$-作用) が対応し，$\mathcal{O}_k$ の素イデアル $\mathfrak{p}$ と閉 $\mathbb{R}$-軌道 C とが，$\mathrm{N}\mathfrak{p} = (C \text{ の長さ})$，のもとで対応することを予想しています．注 1 で述べた $\mathbb{F}_1$ の言葉では，$\mathrm{Spec}(\mathbb{F}_1)$ の (仮想的な) 基本群が $\mathbb{R}$ で，力学系が Frobenius 作用の類似であるという考えです．この意味で，Deninger の研究は，我々の類似性と $\mathbb{F}_1$-幾何をつなぐ位置にあるとも言えます．数論的位相幾何学を含め，これらの研究の目指すところは，「整数論の幾何学化」と言えるでしょう．最近では，望月新一氏によるスキーム理論の枠組みを超える試みもあり，いつか整数論が真に幾何学化される日が楽しみです．

2 基本的な例

1節で与えた辞書に基づき，結び目理論と整数論の間の諸概念，定理たちの間の類似性を調べることができます．以下，いくつかの基本的な例を挙げます．(より詳しくは，[1] を参照)

2.1 まつわり数と平方剰余

$K \cup L \subset \mathbb{R}^3$ を2成分絡み目とします．$X_K = \mathbb{R}^3 \setminus \mathrm{int}(V_K)$ の2次被覆 Y_K に対し，L が引き起こす Y_K の被覆変換 $[L] \in \mathrm{Gal}(Y_K/X_K) \simeq \mathbb{Z}/2\mathbb{Z}$ が K, L の mod 2 のまつわり数です:

$$\begin{array}{rcl}\pi_1(X_K) & \to & \mathrm{Gal}(Y_K/X_K) \simeq \mathbb{Z}/2\mathbb{Z} \\ [L] & \mapsto & \mathrm{lk}(K, L) \bmod 2.\end{array}$$

一方，$\{p, q\} \subset \mathrm{Spec}(\mathbb{Z})$ を相異なる2奇素数とします．2次拡大 $\mathbb{Q}(\sqrt{p})/\mathbb{Q}$ で p のみが分岐する条件は $p \equiv 1 \bmod 4$ なので，これを仮定します (これは，$\{p\} \subset \mathrm{Spec}(\mathbb{Z})$ がヌルホモロガス mod 2 である条件なので，まつわり数を定義するのに自然な条件です)．1.1 より，q 上の Frobenius 自己同型 $\sigma_q \in \mathrm{Gal}(\mathbb{Q}(\sqrt{p})/\mathbb{Q}) \simeq \mathbb{Z}/2\mathbb{Z}$ が p, q の mod 2 のまつわり数 $\mathrm{lk}_2(p, q)$ です:

$$\begin{array}{rcl}\pi_1(X_{\{p\}}) & \to & \mathrm{Gal}(\mathbb{Q}(\sqrt{p})/\mathbb{Q}) \simeq \mathbb{Z}/2\mathbb{Z} \\ [\sigma_q] & \mapsto & \mathrm{lk}_2(p, q).\end{array}$$

Frobenius 自己同型の定義より，$(-1)^{\mathrm{lk}_2(p,q)}$ は平方剰余記号 (p/q) に他なりません．つまり，平方剰余記号とは，mod 2 のまつわり数のことで，平方剰余の相互律はまつわり数の対称性を意味しています．

2.2 絡み目群と分岐条件付き Galois 群

$L = K_1 \cup \cdots \cup K_r \subset \mathbb{R}^3$ を r 成分絡み目とします．一つ素数 l をとり，$\hat{G}_L(l)$ を絡み目群 $G_L = \pi_1(\mathbb{R}^3 \setminus L)$ の副-l 完備化とします．このとき，Milnor の定理より，$\hat{G}_L(l)$ は次の表示をもちます：

$$\hat{G}_L(l) = \langle x_1, \cdots, x_r \,|\, [x_1, y_1] = \cdots = [x_r, y_r] = 1 \rangle.$$

ここで，生成元 x_i は K_i のメリディアンを表す語，y_i は K_i のロンジチュードを表す副-l 語です．

一方，$S = \{p_1, \cdots, p_r\} \subset \mathrm{Spec}(\mathbb{Z})$ を相異なる r 個の奇素数とします．$p_i \equiv 1 \bmod l \ (1 \le i \le r)$ なる素数 l をとり，$G_S(l)$ を副-l エタール基本群 $\pi_1(\mathrm{Spec}(\mathbb{Z}) \setminus S)(l)$ とします．このとき，Koch の定理より，$G_S(l)$ は次の表示をもちます：

$$G_S(l) = \langle x_1, \cdots, x_r \,|\, x_1^{p_1-1}[x_1, y_1] = \cdots = x_r^{p_r-1}[x_r, y_r] = 1 \rangle.$$

ここで，生成元 x_i は p_i 上のモノドロミーを表す語，y_i は p_i 上の Frobenius 自己同型を表す副-l 語です．1.2 で述べたメリディアンとモノドロミー，ロンジチュードと Frobenius 自己同型の対応がここでも明快に現れています．

2.3 Milnor 不変量と多重べき剰余

Milnor は 2.2 の絡み目群の表示を用いて，Milnor 不変量 $\mu(i_1 \cdots i_n)$ を導入しました．$\mu(i_1 \cdots i_n)$ は y_{i_n} を生成元 x_i たちで Magnus 展開したときの $(x_{i_1} - 1) \cdots (x_{i_{n-1}} - 1)$ の係数から定義され，$\mu(ij) = \mathrm{lk}(K_i, K_j)$ となるので，高次のまつわり数と言えます．例えば，Borromean 環

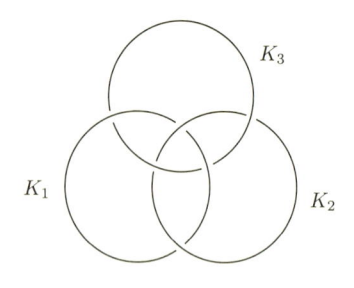

図 3　Borromean 環の絵

に対し，$\mathrm{lk}(K_i, K_j) = 0$ $(1 \leq i \neq j \leq 3)$ ですが，$\mu(123) = 1$ となるので，Borromean 環は自明でないことがわかります．

一方，素数たちに対しても，Koch の定理を用いて同様の構成をすることで，Milnor 不変量の数論版 $\mu_m(i_1 \cdots i_n)$ $(m = l^e | (p_i - 1))$ を定義することができます．$(-1)^{\mu_2(ij)}$ は平方剰余記号 (p_i/p_j)，$(-1)^{\mu_2(ijk)}$ は Rédei 記号 $\{p_i, p_j, p_k\}$ と一致します．したがって，ある条件のもとで多重べき剰余記号が $\{p_{i_1}, \cdots, p_{i_n}\} := (-1)^{\mu_2(i_1 \cdots i_n)}$ により定義されます．ここで，Rédei 記号とは，1939 年に Rédei が $\mathbb{Q}$ 上のある 2 面体拡大における素数の分解法則を表すために導入した記号で，その意味など長らく不明だったのですが，我々の類似により 3 重まつわり数という解釈が与えられました．例えば，$S = \{13, 61, 937\}$ に対し，$\mu_2(ij) = 0$ $(1 \leq i, j \leq 3)$，$\mu_2(ijk) = 1$ (ijk は 123 の置換)，$\mu_2(ijk) = 0$ (その他) が成り立ちます (D. Vogel)．ゆえに，13, 61, 937 は Borromean 素数とも言うべき素数の三つ組みです．

2.4 Alexander 理論と岩澤理論

M を有理ホモロジー球面とし，K を M 内の結び目とします．K は M の中でヌルホモロガスとすると，$H_1(X_K) = \langle \alpha_K \rangle \oplus$ (有限群)，$\langle \alpha_K \rangle = \mathbb{Z}$，となり，結び目補空間 X_K 上に無限巡回被覆 X_∞ が唯一つ存在します．γ_K をメリディアン α_K に対応する $\mathrm{Gal}(X_\infty/X_K)$ の生成元とします．$H_1(X_\infty)$ は $\mathrm{Gal}(X_\infty/X_K)$ が作用する加群で，結び目加群とよばれます．このとき，Alexander 多項式が特性多項式

$$\Delta_K(t) := \det(t \cdot \mathrm{id} - \gamma_K \mid H_1(X_\infty) \otimes_\mathbb{Z} \mathbb{Q})$$

により定義されます．X_∞/X_K の n 次巡回部分被覆の Fox 完備化を M_n とし，M_n はすべて有理ホモロジー球面と仮定します．このとき，$\#H_1(M_n) = \prod_{\zeta^n = 1} |\Delta_K(\zeta)|$ が成り立ち，これから，次の漸近式を得ます：

$$\lim_{n \to \infty} \frac{1}{n} \log \#H_1(M_n) = m(\Delta_K).$$

ここで，$m(\Delta_K) := \int_0^1 \log |\Delta_K(\exp(2\pi\sqrt{-1}x))| dx$ は Δ_K の対数的 Mahler 測度．

一方，k を有限次代数体，p を素数とします．k に 1 の p べき乗根 $\zeta_n := \exp(2\pi\sqrt{-1}/p^n)$ をすべて添加した体 $k(\zeta_n; n \geq 1)$ の中には k 上の Galois 群が $\mathbb{Z}_p$ と同型になるような唯一つの拡大 k_∞ が存在し，k の円分 $\mathbb{Z}_p$-拡大とよばれます．結び目の場合に対応する仮定として，p 上の k の素イデアル $\mathfrak{p}$ は唯一つで，$\mathfrak{p}$ は k_∞/k で完全分岐するとします．$\mathrm{Gal}(k_\infty/k)$ の生成元を γ_p とします．k_∞/k の p^n 次部分拡大を k_n，k_n のイデアル類群の

結び目と素数 (森下昌紀) 225

p-Sylow 部分群を H_n とし,$H_\infty := \varprojlim_n H_n$ とおきます (射影極限はノルム写像に関する).H_∞ は $\mathrm{Gal}(k_\infty/k)$ が作用するコンパクト加群で,岩澤加群とよばれ,結び目加群の類似とみられます.Alexander 多項式の類似物は特性多項式

$$I_p(T) := \det(T \cdot \mathrm{id} - (\gamma_p - 1) \,|\, H_\infty \otimes_{\mathbb{Z}_p} \mathbb{Q}_p)$$

で,岩澤多項式とよばれます.岩澤のある予想 ($\mu = 0$ 予想) を仮定すると,$\#H_n$ と $\prod_{\zeta^{p^n}=1} |I_p(\zeta - 1)|_p^{-1}$ は 定数倍を除き一致し,これから岩澤の類数公式

$$\log_p \#H_n = \lambda n + \nu, \quad n >> 0$$

が従います.ここで,λ, ν は n によらない定数です.

2.5 双曲構造の変形と肥田変形

双曲構造の変形と肥田変形の類似性は初め藤原一宏氏により指摘されました.2.5 と 3.1 は,藤原氏の指摘に示唆され,寺嶋郁二氏と行った共同研究によります.

結び目 $K \subset S^3$ が双曲的,すなわち,$S^3 \setminus K$ が有限体積をもつ完備双曲多様体とします.このとき,$S^3 \setminus K$ は 3 次元双曲空間内の双曲理想 4 面多体 $S(z)$ を有限個,面に沿って貼り合わせたものになります:$S^3 \setminus K = S(z_1^\circ) \cup \cdots \cup S(z_n^\circ)$.1 辺の回りの面角が 2π という条件から,$z^\circ = (z_1^\circ, \cdots, z_n^\circ)$ はある代数方程式を満たします.この方程式が定める代数多様体の z° を含む既約成分を双曲構造の変形空間といい,$\mathfrak{X}_K$ と表します.$\mathfrak{X}_K$ は G_K の $SL_2(\mathbb{C})$-表現のモジュライとほぼ一致します.すなわち,z° に伴うホロノミー表現 (の $SL_2(\mathbb{C})$-表現への持ち上げ) を $\rho^\circ : G_K \to SL_2(\mathbb{C})$ とし,$\mathfrak{Y}_K$ を指標多様体 $\mathrm{Hom}(G_K, SL_2(\mathbb{C}))//(SL_2(\mathbb{C})$-

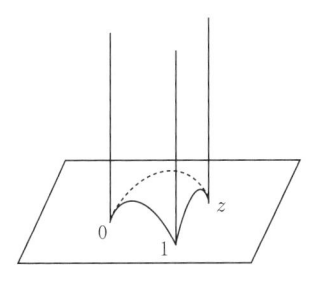

図 4 $S(z)$ の絵

共役作用) とすると, $z \in \mathfrak{X}_K$ にそのホロノミー表現 $[\rho_z] \in \mathfrak{Y}_K$ を対応させる写像は, $[\rho^\circ]$ の近傍で, $[\rho^\circ]$ 上分岐する 2 重被覆を与えます. K のメリディアンとロンジチュードを各々 $\alpha, \beta \subset \partial V_K$ とします. $z \in \mathfrak{X}_K$ に対し, ペリフェラル群 $D_K = \pi_1(\partial V_K)$ は可換群なので, $\rho_z|_{D_K}$ は上 3 角行列表現と同値になり,

$$\rho_z(\alpha) \simeq \begin{pmatrix} e^{x_K(z)} & * \\ 0 & e^{-x_K(z)} \end{pmatrix},$$

$$\rho_z(\beta) \simeq \begin{pmatrix} e^{y_K(z)} & * \\ 0 & e^{-y_K(z)} \end{pmatrix}$$

と表せますが, $x_K : \mathfrak{X}_K \to \mathbb{C}$ は z° における $\mathfrak{X}_K$ の局所座標を与えます. 特に, $\mathfrak{X}_K$ の z° を含む既約成分は複素代数曲線になります (Thurston, Neumann-Zagier).

一方, 数論側では, レベル p べきの合同部分群 ($\subset SL_2(\mathbb{Z})$) に関する p-通常的尖点固有形式 f° の p-通常変形を考えます. ここで, 尖点固有形式 f が p-通常的とは, p 番 Fourier 係数が p-進単数となることです. このような保型形式の p-進族は初め肥田晴

三氏により構成され, 後に Mazur により Galois 表現の変形の観点から見直されました. 今, $\bar{\rho}: G_{\{p\}} \to GL_2(\mathbb{F}_p)$ が f° に伴う p-進表現 ρ° の剰余表現とします. $\bar{\rho}$ の p-通常変形とは, 連続表現 $\rho: G_{\{p\}} \to GL_2(A)$ (A は完備 Noether 環) で,

$$\begin{cases} (1)\ \rho \bmod \mathfrak{m}_A \simeq \bar{\rho} \quad (\mathfrak{m}_A \text{ は } A \text{ の極大イデアル}) \\ (2)\ \rho|_{D_{\{p\}}} \simeq \begin{pmatrix} \chi_1 & * \\ 0 & \chi_2 \end{pmatrix},\ \chi_2|_{I_{\{p\}}} = 1 \end{cases}$$

を満たすもののことです. p-通常性の条件 (2) は, 結び目の場合に自動的に成り立っている条件の数論的な類似とみなされます. また, 保型形式の p-通常性はそれに伴う表現の p-通常性を意味します. 肥田氏は, 保型形式に伴うすべての p-通常変形を生み出す普遍的な Galois 表現 $\boldsymbol{\rho}: G_{\{p\}} \to GL_2(\mathbb{T})$ を構成しました. $\mathbb{T}$ は p-進 Hecke 環といい, $\mathfrak{X}_p := \mathrm{Hom}_{\mathbb{Z}_p\text{-代数}}(\mathbb{T}, \mathbb{C}_p)$ ($\mathbb{C}_p$ は $\overline{\mathbb{Q}}_p$ の p-進完備化) を肥田変形空間といいます. ここで, $f \in \mathfrak{X}_p$ (p-進保型形式) と $f \circ \boldsymbol{\rho}: G_{\{p\}} \to GL_2(\mathbb{C}_p)$ を同一視します.

$$\boldsymbol{\rho}|_{D_{\{p\}}} \simeq \begin{pmatrix} \boldsymbol{\chi}_1 & * \\ 0 & \boldsymbol{\chi}_2 \end{pmatrix},\ \boldsymbol{\chi}_2|_{I_{\{p\}}} = \mathbf{1}$$

と書くとき, あるモノドロミー $\tau_p \in I_{\{p\}}$ がとれ, $x_p := \boldsymbol{\chi}_1(\tau_p)$ は ρ° における $\mathfrak{X}_p(\bar{\rho})$ の局所座標を与えます. 特に, $\mathfrak{X}_p$ の $f^\circ = \rho^\circ$ を含む既約成分はリジッド曲線になります. また, p 上の Frobenius 自己同型 σ_p に対し, $y_p := \boldsymbol{\chi}_2(\sigma_p)$ とおくと, (τ_p, σ_p) は (α_K, β_K) の類似で, (x_p, y_p) が (x_K, y_K) に対応します. y_p は f° の $\mathbb{T}$ への持ち上げの p 番 Fourier 係数と一致します.

さらに, ρ° が $\mathbb{Q}$ 上の楕円曲線 E の p べき等分点から生じる表

現とします. 楕円曲線の p-進 L-関数の理論において, $\mathfrak{L}$-不変量とよばれる整数論的量 $\mathfrak{L}(E)$ が定義されますが, $\mathfrak{L}(E)$ は上に述べた関数 x_p, y_p および E の Tate 周期 q_E ($E(\mathbb{C}_p) = \mathbb{C}_p^\times/(q_E)^\mathbb{Z}$) と次のように関係します:

$$\mathfrak{L}(E) = \frac{\log_p(q_E)}{\mathrm{ord}_p(q_E)} = -2\frac{dy_p}{dx_p}|_{x_p=f^\circ}.$$

ここで, $\log_p$ は p-進対数を表します. 一方, 楕円曲線 ∂V_K の周期を q_K とします: $\partial V_K = \mathbb{C}^\times/(q_K)^\mathbb{Z}$. このとき, Neumann-Zagier により,

$$\frac{\log(q_K)}{2\pi\sqrt{-1}} = \frac{dy_K}{dx_K}|_{x_K=z^\circ}$$

が成り立ち, 不思議な類似が見られます.

3 今後の夢

1, 2 節で述べた結び目理論と整数論の間の類似性をふまえ, これからやってみたいことを述べます.

3.1 Chern-Simons ゲージ理論と肥田理論

2.5 でみたように, 双曲構造の変形空間 $\mathfrak{X}_K$ と p-進保型形式の肥田変形空間 $\mathfrak{X}_p$ は類似する構造をもつので, 双方の空間上に定義される様々な量たちの類似を追求することが現在やりたいと思っている問題です. $\mathfrak{X}_K$ 上定義される量の代表的な例として, Neumann-Zagier ポテンシャル関数 $\Phi_K(z)$ (または $SL_2(\mathbb{C})$ Chern-Simons 汎関数) があります. 寺嶋郁二氏と筆者は, 多重対数, シンボルの数論幾何に示唆され, Φ_K を関数 x_K, y_K の

Deligne コホモロジーにおけるカップ積を用いて解釈しました．Deligne コホモロジーにおけるカップ積はいわば "関数論的なまつわり数" なので，Φ_K は メリディアンとロンジチュードから決まる $\mathfrak{X}_K$ 上の標準的関数 x_K, y_K のまつわり数であるという見方が得られたことになります．また，この解釈より，Φ_K が $\mathfrak{X}_K$ 上に自然な混合 Hodge 構造の変動を与えることも従います．逆に，肥田変形空間 $\mathfrak{X}_p$ 上に Neumann-Zagier ポテンシャルの類似物 Φ_p が定義されます．この肥田ポテンシャル関数の数論的な意味，p-進 Hodge 構造との関連を調べることは興味ある問題と思われます．

$S^3 \setminus K$ の双曲構造の変形と Neumann-Zagier ポテンシャル関数の構造は，Seiberg-Witten 理論で真空のモジュライ $\mathfrak{U}$ 上に楕円曲線の族 $\mathcal{E}_u : w^2 = (z^2 - 1)(z - u)$, $(u \in \mathfrak{U})$ がのっていることと Seiberg-Witten プレポテンシャルの構造とも次のように類似しています．肥田理論と合わせると，三つ組みの辞書を得ます．$\lambda = (u - z)dz/w$, α, β は $H_1(\mathcal{E}_u)$ のシンプレクティック底とします．

| 肥田理論 | 双曲幾何学 | Seiberg-Witten 理論 |
(p-進ゲージ理論)	(3 次元ゲージ理論)	(4 次元ゲージ理論)
肥田変形空間 $\mathfrak{X}_p$	双曲構造の変形空間 $\mathfrak{X}_K$	真空のモジュライ (u-平面) $\mathfrak{U}$
p-進保型形式の族 $\mathcal{M} \to \mathfrak{X}_p$	楕円曲線の変形 $\mathcal{E} \to \mathfrak{X}_K$	楕円曲線の族 $\mathcal{E} \to \mathfrak{U}$
モノドロミー関数 x_p	メリディアン関数 x_K	電荷 $a = \int_\alpha \lambda$
Frobenius 関数 y_p	ロンジチュード関数 y_K	磁荷 $a_D = \int_\beta \lambda$
$\mathfrak{L}$-不変量 dy_p/dx_p	∂V_K のモジュラス dy_k/dx_K	ゲージカップリング da_D/da
肥田ポテンシャル Φ_p $d\Phi_p/dx_p = y_p$	Neumann-Zagier ポテンシャル Φ_K $d\Phi_K/dx_K = y_K$	Seiberg-Witten プレポテンシャル F $dF/da = a_D$

この類似を通じ,肥田理論が 3, 4 次元ゲージ理論と繋がってきます.次に述べる夢とも関係して,これらの類似とその根源を追求することは興味深く思われます.

3.2 場の理論と非可換類体論

これは私が結び目と素数の類似の研究を始めてから心に抱いていた夢です.非可換類体論とは,Galois 表現と保型形式の間の L-関数を保つ 1 対 1 対応——Langlands 対応とよばれます——をいいます:

$$\begin{array}{ccc} \text{Galois 表現} & & \text{保型形式} \\ \{\rho : \text{Gal}(\overline{\mathbb{Q}}/\mathbb{Q}) \to GL_n(\overline{\mathbb{Q}}_l)\} & \xrightarrow{\mathcal{L}} & \{GL_n(\mathbb{Q}) \backslash GL_n(\mathbb{A}) \to \mathbb{C}\} \end{array}$$
$$L(\rho, s) = L(\mathcal{L}(\rho), s)$$

(正確な 1 対 1 対応を述べるには双方に適当な条件が要ります.) ここで, $\mathbb{A}$ は $\mathbb{Q}$ のアデール環とよばれる, 直積環 $\mathbb{R} \times \prod_p \mathbb{Q}_p$ の部分環. この対応 $\mathcal{L}$ は, $n=1$ のときが可換類体論の Artin の相互律になるので, 非可換相互律ともよばれます. $\mathcal{L}$ の構成について, 近年, Wiles, 藤原一宏氏らにより著しい進展がありました.

対応 $\mathcal{L}$ の性質として, n をすべて動かすとき, $\mathcal{L}$ は直和を保たず, $\mathcal{L}(\rho \oplus \rho')$ はテンソル積 $\mathcal{L}(\rho) \otimes \mathcal{L}(\rho')$(の誘導表現) になるという構造があります. このような構造から, M. Kapranov は Langlands 対応と (2+1) 次元位相的場の理論の類似性を指摘しました. 保型表現 $\mathcal{L}(\rho)$ には状態空間 $\mathcal{Z}(\partial M)$, 保型 L-関数 $L(\mathcal{L}(\rho), s)$ には経路積分による分配関数 $Z(M)$ が対応すると考えます (M は 3 次元多様体). 一般に, 場の量子論において, Lagrangian をすべての経路 (場) にわたって積分して得られる分配関数 (相関関数) が力学系を記述します. 物理における場とは, 時空間上のあるベクトル束 (層) の切断のことです. その整数論的類似として, 各素数 p 上に, p-進体 $\mathbb{Q}_p$ がのっている $\mathrm{Spec}(\mathbb{Z})$ 上の "ベクトル束" を考えれば, アデールが整数論における場の類似と考えられます. したがって, 経路積分による量子化の考え方は, 数論におけるアデール空間上のゼータ積分, あるいは, 素数全体にわたって Euler 積をとるゼータ関数 (L-関数) の考え方と同様なものです.

場	アデール
分配 (相関) 関数	ゼータ (L-) 関数

これより, ゲージ理論や弦理論における双対性, すなわち, 分配関数の保型性は, 数論における L-関数の保型性, すなわち, 非可換類体論に対応すると考えられます. また, 分配関数の摂動展開の係数に幾何的不変量が現れることは, ゼータ関数の特殊値に

整数論的不変量が現れること (解析的類数公式など) に対応しています．場の理論と整数論の類似性のさらなる追求は興味深いテーマだと思います．

一方，類体論の別方向の非可換化として，伊原康隆，Drinfeld らによって創められた研究があります．伊原氏は，組み紐群の自由群作用の類似とみられる Galois 群 $\mathrm{Gal}(\overline{\mathbb{Q}}/\mathbb{Q})$ の表現を構成し，その整数論的性質を研究しました．組み紐群は，河野俊丈，Drinfeld，土屋昭博氏らの理論により，量子群や 2 次元共形場理論と密接な関係があるので，$\mathrm{Gal}(\overline{\mathbb{Q}}/\mathbb{Q})$ が量子群や共形場理論と結びつきます．

Langlands の非可換類体論と伊原理論は共に代数体の非可換拡大を扱うにもかかわらず，その関係はよくわかっていません．私の夢は，両者の関係を結び目理論と場の理論の視点から理解することです．

原稿を通読され，コメントを下さった加藤晃史，寺嶋郁二氏に感謝いたします．

参考文献

[1] 森下昌紀『結び目と素数』，現代数学シリーズ 15，シュプリンガー・ジャパン，2009.

夢にまでみる数学

あとがきに代えて

　数学研究の第一線で活躍中の人たちが，それぞれの熱い思いのこもった文を書いてくれました．「数学の研究」といっても，実際に体験してみないと，何を考え，どこで苦しみ，そしてそれを乗り越えたときどんな喜びが待っているのか，なかなか想像しにくいことでしょう．数学が創られていく，現場の生の雰囲気を感じていただけたでしょうか．こういう世界で自分の力を試してみたいという人のなかから，新しい時代を創る人が出てきてくれることを楽しみにしています．

　さて，これから研究者をめざそうという人には，どうやって数学者になるのか，ということに興味があるかもしれません．そこで，その辺のことを，思いつくままに書いてみます．修士課程に進学してくる学生と，指導教員を決めるための相談というのをするのですが，そのときにする話が，毎年だいたいこんな感じというところです．

　ふつう，数学者になろうという人は，数学科の大学院に進みます．ただ，ここに書いてあることは，特別に才能のある人には，あてはまらないかもしれません．ふつうはこんな感じかなということを書いています．なので，ここからは，わざわざふつうと書くのはやめることにします．

　大学院にはいっても，すぐに自分の研究がはじめられるわけではありません．まずは，自分の研究したい分野の基礎を着実に勉

強するのが大切です．修士課程の 2 年間で修士論文を書かなければというプレッシャーもかかりますが，基礎がしっかりしていなければ，その上に建物を建てることはできません．

　そうして準備ができたら，今度はその分野の論文を読むことになります．研究を始めるには，まず課題をみつけなくてはいけません．研究とは，何もないところから新しいものを創りだすことだと思う人もいるかもしれません．確かにできあがったものをみるとそういう印象を受けることもあるでしょうが，どんなに独創的な研究でも，ほかの人の研究から多くのものを学んでいるのが普通です．論文には，本とは違って，整理しつくされていないところがあるものです．そういうところをみつけて，自分だったらこんなふうにしてみたい，と思うことが出発点になります．

　ずいぶんむかしの話になりますが，学生のころ，指導教官だった加藤和也先生に，論文を 1 つ読んだら 5 つ問題を見つけなさいと言われたことがあります．えー，そんなの無理，と思いますか？私もそのときはそう思いました．でも，やってみないと始まりません．その気になって考えてみることがだいじ，ということでしょうか．

　課題がみつかったら，それを解くことになります．こうすれば解ける，という必勝法のようなものはありません．ただ言えることは，時間を惜しまず考え抜くということでしょう．昼も夜もずうっと 1 つのことを考えていると，しまいには，それが夢にまででてくるようになります．そうなれば，じきに光が差してくる，でしょうか．

　でも，いくらがんばってもできないということもあります．そんなときは，あきらめるというのもひとつの手です．修士論文のときに使える手ではないかもしれませんが．あきらめてみると，

それまでは気がつかなかった，何だこういうことだったのかと思うような，意外な解決がみえることがあります．極端な話ですが，私の場合，学生のときいくら考えてもできずに結局あきらめた問題が，10年以上たってまた考えてみたらできてしまったという経験もあります．

　数学の研究者になろうとしている人にだいじにしてほしいことをいくつか書きます．1つは，視野を広くもつということです．自分でわざわざ勉強しなくても，分野の近いセミナーにもでるとか，分野が違っても談話会にはでてみるとか，話がよくわからなくても研究集会や，研究者のセミナーにでてみるとか，いろいろな機会があります．自分がとりくんでいる課題に没頭してしまうと，ほかのことはどうでもよいような気になってしまうこともあるかもしれません．でも，研究者になりたいという最初のきもちは，数学ってどんなものなのかをわかりたい，ということだったはずです．自分の課題にとりくむだけでは，それはみえてこないのではないでしょうか．自分の研究とは直接関係ないようにみえることでも，のぞいてみると，新しい課題の発見や，意外な解決のヒントなど，思わぬおまけもあるはずです．

　もう1つは，人とのつながりです．私も含めて，数学者には，人と話をするよりは，数学しているほうが気が楽だと思う人のほうが多いのではないでしょうか．でも，数学をしていても，いろいろと迷いや悩みもあることでしょう．そんなときに，同じ境遇にいる友人やちょっと先を歩いている先輩からのひとことで，道がみえてくるということがきっとあると思います．数学をするのは，基本的には孤独な作業です．だからこそ，人とのつながりをだいじにすることは，精神的な健康を保つ上でも，たいせつなことだと思うのです．若いうちに培った人脈は，一生の財産にもなって

くれます.

そういう意味でも, 出会いをだいじにしてほしいものです. 研究集会にせっかく行ったのに, ふだん会えない人と話をしないで帰ってきたのでは, もったいないですよね. はじめは, 何を話していいかわからなくても, そのうちに, あの人も来るだろうから, 会ったらこんな話をしようなどと考える楽しみもでてきます. 人と話をすることは, 自分の考えをまとめる上でもとてもよいことだということは, 誰もが感じることだと思います.

最後は, 書くことのたいせつさです. 研究は, 定理が証明できたらそれでできあがりというものではありません. 論文を書いて発表して, それでようやく一段落です. これは, 研究成果を認めてもらうという現実的な理由からだけではありません. 定理が証明できたと思っても, それは自分でそう思っているだけで, 書いてみないとほんとうのところはわかりません. 人間の心理の常として, 自分に対する判断はあまくなりがちです. でも, 書いたものなら, もう少し客観的に見ることができるはずです. わざわざおおっぴらにする話でもありませんが, 数学者で, 論文を書いているうちに, あっ, これじゃ証明になってないじゃん, と冷や汗をかいたことのない人などいるのでしょうか.

スポーツにたとえれば, 定理の証明を考えるのは, 点をとろうと攻めにいく, わくわくする場面です. でも, 試合に勝つには, 1点差でも最後まで守りきらなければいけません. 一瞬の気の緩みがそれまでのすべてを台無しにしてしまう, 集中力と忍耐力の試される局面です. これが, きちんと細部をつめて論文を完成することにあたると思うのです.

と, 論文を書くことの厳しい面を強調しましたが, もちろんそればかりではありません. 論文を書いて証明を整理していくうち

に，次の研究の課題がみえてくるということはよくあるものです．そして，論文を読んだ人が自分の研究に生かしてくれたり，それが新しい共同研究のきっかけになったりすれば，研究者の社会の一員になったということが実感できることでしょう．

　いろいろと細かいことも書きましたが，数学の研究の魅力の1つは，自由に考えることのできることです．こういう世界で，自分の数学を創りだしていく人が，これからもどんどん出てきてくれることを期待しています．

　2010年1月

斎藤 毅

若い読者への刺激や展望に

あとがきに代えて

　現代数学の発展は日々続いている．

　本書は現代数学の発展に関わる，各分野で活躍中の日本人数学者で 30 代-40 代の方に，ここ 20 年前後の周辺分野の研究の発展を，ご自身の研究歴に重ねて執筆いただいたものである．1992 年に，数学セミナーに掲載された当時の一線の数学者らによる，その後の数学の展望という企画があった．当時その編集をされた数学書房の横山氏によって，その後の発展を含めた最近の進展を概観するような書物を編集したいというのが元々の出発点であった．編集方針を策定する段階で，編者となられていた中島啓氏が横山氏と練られた企画により，「比較的若い日本の数学者に，自身の研究歴を交えた各分野の展望をお願いする」ということが編集方針と提案され，斎藤毅氏と私がその方針に賛同し出発したものである．私は解析学に関連する分野の執筆者を探し依頼する担当となった．私自身はこうした数学全体を概観するような書物の編集の経験はない．そんなわけで，編集方針を決めるところでも，執筆者の具体的イメージを挙げる部分でもあまり意見を持っていなかったが，中島氏のリーダーシップによって，おおよその方針が定まったことはその後の編集や執筆依頼を円滑に進める上でたいへんよかったと思う．

　さて，とは言っても 40 代はじめくらいまでの比較的若い執筆者を捜すということは，解析系の分野に限って言えば，それほど容易でもない．落合氏のような，すでに熟達した執筆者は希であ

ろう....というよりは，これまでの専門分野の研究全般を概観しながら，経験や随想を絡めた展望を記述するには，40代半ばまでではまだ若いとすら思える．また，それぞれの所属する場で徐々に重い役割を背負いつつある年代でもあり，こうした文章を執筆している時間的精神的余裕も多くない．構想段階から時間も経ってしまい，40代はじめくらいまでという条件すら難しくなりつつあった．そんな状況ではあるが，無理を承知で，無理矢理お願いして多くの方々にお引き受けいただいた．そうしてできあがったものが本書である．このような次第で，必然的に解析系は無理をお願いできる私個人の面識のある方々に人選が偏ってしまった．特に函数論や函数解析の分野の方にお願いすることが，私の限界や全体のバランスの面でかなわなかった．それでも，このように第一線で活躍されている脂の乗った執筆陣がそろったことは，当初の編者らの予想を上回ることである．いただいた原稿は，分野を問わず非常に興味深いものばかりであり，同時に商業的価値も高い意味で備えていると信じる．このような文章を寄せていただけたことに編者として心より感謝したい．

　私自身の研究分野に限っても，ここ20年ほどの研究の進展はめざましい．学生の頃にはこのような定理ができたらすごいが，まずもってしばらくは難しいだろうし，ひょっとしたら100年くらいは解けないだろう.....と思っていた問題がどんどん解かれ始め，さらには数学のほかの分野との交流や交差的な成果をも生みつつある状況である．数学は生き物のごとく柔軟で奥が深い．そうした中で日頃実感することは，もっとも基礎的なことがらへの理解の大切さと，よく知られた事実へのまったく発想を異にするものの見方や解釈が大きな進展を生むといった事である．自分の専門分野について言えば，実解析学は実関数に対する特性を主に

不等式を用いて理解する分野であるが，偏微分方程式や確率解析あるいは解析幾何において様々な応用が切り開かれ，反対にそうした応用から実解析学上の新しい問題意識や成果が生まれる．一般的な数学的対象を広く概観するということと，特定の対象を深く知るということは，時間的制約の中では両立しがたいことではあるが，何とかそうしたことが行えるようになればよいと思う．そのためには執筆陣のような専門家にわかりやすく教えてもらうことが最良の方法の一つであろう．

　最後に本書が，これから数学の研究者を目指そうという (もっと) 若い読者諸氏への何らかの刺激や展望を与えるヒントになればまことに幸いである．

　2010 年 3 月

小川卓克

編者・執筆者一覧

小川卓克　　東北大学大学院理学研究科数学専攻
斎藤　毅　　東京大学大学院数理科学研究科
中島　啓　　京都大学数理解析研究所

会田茂樹　　東北大学大学院理学研究科数学専攻
植田好道　　九州大学大学院数理学研究院
落合啓之　　九州大学大学院数理学研究院
川村友美　　名古屋大学大学院多元数理科学研究科
清水扇丈　　静岡大学理学部数学科
杉本　充　　名古屋大学大学院多元数理科学研究科
利根川吉廣　北海道大学大学院理学研究院数学部門
並河良典　　京都大学大学院理学研究科数学教室
葉廣和夫　　京都大学数理解析研究所
坂内健一　　慶應義塾大学理工学部数理科学科
森下昌紀　　九州大学大学院数理学研究院

日本の現代数学 ―新しい展開をめざして

2010年6月1日　第1版第1刷発行

編者	小川卓克・斎藤 毅・中島 啓
発行者	横山 伸
発行	有限会社　数学書房
	〒101-0051　東京都千代田区神田神保町1-32
	TEL　03-5281-1777
	FAX　03-5281-1778
	mathmath@sugakushobo.co.jp
	http://www.sugakushobo.co.jp
	振替口座　00100-0-372475
印刷製本	モリモト印刷
組版	永石晶子
装幀	岩崎寿文

ⓒT.Ogawa, T.Saito, H.Nakajima, et al.2010, Printed in Japan
ISBN 978-4-903342-17-7

整数の分割

J. アンドリュース、K. エリクソン共著、佐藤文広訳／オイラー、ルジャンドル、ラマヌジャン、セルバーグ、ダイソンなど多くの数学者を魅了し続けた分野初の入門書。これほど少ない予備知識で、これほど深い数学が楽しめるとは！A5 判・200 頁・2800 円

数学書房選書 1　力学と微分方程式

山本義隆著／解析学と微分方程式を力学にそくして語り、同時に、力学を、必要とされる解析学と微分方程式の説明をまじえて展開した。これから学ぼう、また学び直そうというかたに。A5 判・256 頁・2300 円

ホモロジー代数学

安藤哲哉著／可換環論，代数幾何学、整数論、位相幾何学、代数解析学などで不可欠なホモロジー代数学の待望の本格的解説書。A5 判・352 頁・4800 円

この定理が美しい

数学書房編集部編／「数学は美しい」と感じたことがありますか？ 数学者の目に映る美しい定理とはなにか。熱き思いを 20 名が語る。A5 判・208 頁・2300 円

この数学書がおもしろい

数学書房編集部編／おもしろい本、お薦めの書、思い出の 1 冊を、41 名が紹介。A5 判・176 頁・1900 円

本体価格表示

数学書房